GARTEN KALENDER 2027

Dieser Kalender gehört:

avBUCH

Liebe Leserinnen und Leser,

wir freuen uns, dass wir Ihnen mit unserem Kalender neue Inspiration liefern dürfen und hoffen, es wird Ihnen gefallen. Weitere Leseabenteuer mit verbriefter Fachinformation finden Sie auf www.cadmos.de
Wenn Sie mit uns in Verbindung treten oder Ihre Erfahrungen teilen wollen, dann tun Sie das bitte unter:

https://www.facebook.com/cadmosverlag
https://www.instagram.com/cadmosverlag
oder per Mail an info@cadmos.de

Wir freuen uns schon jetzt über Ihr Feedback!

Geschäftsführer: Mag. Martina Selinger, Firmenbuchnummer: FN 641070a Handelsgericht Wien

UID-Nummer: ATU 81357979

ISBN: 978-3-99183-065-8, 1. Auflage 2026

Viel Freude mit diesem Buch wünscht Ihnen Ihr CADMOS-Team:

Autor: Karl Ploberger

Grafisches Konzept: r2 Ravenstein, Verden (Aller)

Covergestaltung, Satz: Gerlinde Gröll, www.ggraphicdesign.at

Lektorat: Ing. Barbara P. Meister MA, FachLektor.at

Korrektorat: Gertrude Döffinger

Coverfoto: Leopold Neumayr

Wir übernehmen Verantwortung:

Dieses Buch wurde anhand ausgewählter Qualitätskriterien ressourcenschonend in Cadmos Qualität für Sie hergestellt. Das verwendete Papier für Kern und Cover ist FSC©-zertifiziert. Gedruckt und gebunden wurde dieses Buch in der EU (wir wollen lange Transportwege vermeiden), bei unserem langjährigen, bewährten Druckpartner GRASPO (www.graspo.com).

FSC
www.fsc.org

MIX
Papier | Fördert gute Waldnutzung
Paper | Supporting responsible forestry
FSC® C010798

Uns ist wichtig:

Gender-Erklärung: Alle Geschlechter sollen sich gleichermaßen wahrgenommen und wertgeschätzt fühlen. Im Sinne eines flüssigen Lesevergnügens verzichten wir jedoch auf die Verwendung von geschlechterspezifischen Sprachformen (m/w/d). Sämtliche Personenbezeichnungen gelten gleichermaßen für alle Geschlechter!

Haftungsausschluss: Wir haben den Inhalt dieses Buches nach bestem Wissen geprüft. Für die Richtigkeit der Angaben und eventuelle Schäden, die aufgrund von Beschlüssen und Handlungen, die anhand der gegebenen Informationen getroffen wurden, wird trotz sorgfältiger Recherche keine Haftung übernommen. Im Zweifelsfall ziehen Sie bitte geschulte Fachleute zu Rate.

VORWORT

Foto © Christoph Böhler

LIEBE GARTENFREUNDIN, LIEBER GARTENFREUND!

Exakt 28 Jahre ist es her, dass ich diesen Gartenkalender zum ersten Mal geschrieben habe. Vieles hat sich seither verändert – nicht nur, dass ich ein großes Stück älter wurde und so manches Gartenwochenende noch zwei, drei Tage danach zu spüren ist, sondern dass immer mehr in unserem Leben digital wird. Da eine Nachricht auf WhatsApp, dort ein Posting auf Instagram und zwischendurch noch ein gutes altes SMS.

Und dennoch bleibt das bedruckte Blatt Papier in Form eines Kalenders ein beliebtes Objekt. Eine Zeitmaschine, die es möglich macht, zurückzublicken. Auf Erfolge und Misserfolge, auf großartige Ernten oder Flops, auf Sonnenschein oder so manche Wetterkapriole. Am Ende, das zeigt sich in so einem Gartentagebuch, überwiegen die schönen, die positiven Momente.

Möge auch das Jahr 2027 ein blühendes werden, voller glücklicher Zeiten auf Balkon, Terrasse oder im Garten. Und vor allem haben sie eines:

Viel Spaß beim Garteln,

Ihr Biogärtner Karl Ploberger

P.S.: Digital bin ich auch auf Facebook, Instagram, YouTube und auf meiner Website **www.biogaertner.at**

Und dann muss man ja auch noch Zeit haben, einfach dazusitzen und vor sich hin zu schauen.

Astrid Lindgren

Foto © Kamal gallery 67/Shutterstock.com

Foto: Christoph Böhler

Foto: Christoph Böhler

INHALT

Foto © Onkamon/Shutterstock.com

ERLÄUTERUNGEN ZUM MONDKALENDER

Die Mondastrologie wurde seit Jahrhunderten mündlich innerhalb von Familien und Dorfgemeinschaften sowie später durch gedruckte Volkskalender verbreitet; sie ist sozusagen die kleine Schwester der klassischen Astrologie und beschäftigt sich mit den praktischen Auswirkungen der Mondkräfte im Alltag. Diese wirken sich auf alle und alles gleichermaßen aus, unabhängig von Ihrem eigenen Sternzeichen. Sie erzielen leichter Erfolge bei der Gartenarbeit, wenn Sie sich von den Mondrhythmen dabei unterstützen lassen.

Kein Dogmatismus bitte!

Bitte überfordern Sie sich nicht: Zuerst beachtet man die Jahreszeit, das Wetter und das örtliche Klima: In höheren Lagen muss man an manchen Tagen vielleicht noch Schnee räumen, während in mildem Klima bereits der Rasenmäher zum Einsatz kommt. Daran ändert auch der Mond nichts. Der Mondstand kann nur ein zusätzliches Kriterium sein: Nimmt er ab oder zu? Ist heute ein Frucht-, Wurzel-, Blüten- oder Blatttag? Es gibt für jede Tätigkeit verschiedene günstige und einige ungünstige Termine. Wenn Sie die ungünstigen vermeiden, ist bereits sehr viel gewonnen. Machen Sie es sich am Anfang leicht, legen Sie ein, zwei Arbeiten auf günstige Termine, machen Sie sich Notizen und beobachten Sie, wie es weitergeht. Wenn Sie gute Erfahrungen machen, bleiben Sie dabei, und mithilfe Ihrer Notizen geht Ihnen das Gärtnern mit dem Mond in den folgenden Jahren immer leichter von der Hand. Einen genauen Leitfaden zum Gebrauch des Mondkalenders in Garten und Haushalt finden Sie ab Seite 10.

Sie sehen: Der Mondkalender bietet Ihnen für alle Tätigkeiten immer mehrere günstige Termine. Und manchmal reicht es, wie gesagt, auch schon, die ungünstigsten zu vermeiden, um im Garten erfolgreich zu sein. Ich wünsche Ihnen viel Freude beim Experimentieren mit der Mondkraft und gute Erfolge bei der Gartenarbeit!

Susanne Janschitz

Foto: Onkamon/Shutterstock.com

Die Grundlagen

Beim Mondkalender dreht sich alles darum, welchen Zeitpunkt man für welche Arbeiten wählt: Man berücksichtigt den Tierkreis und die Mondphasen. Alternativ können Sie sich noch am auf- und absteigenden Mond orientieren, wenn sich aus den beiden erstgenannten Rhythmen in Kombination mit dem Wetter und Ihrer eigenen Zeitplanung einmal kein günstiger Termin ergibt.
Innerhalb von 28 oder 29 Tagen durchläuft der Mond einmal den Tierkreis. Alle zwei bis drei Tage wechselt er dabei das Zeichen. Und es dauert ebenfalls rund 28 Tage, bis der Mond einmal alle seine Phasen durchlaufen hat: 13 bis 14 Tage abnehmend, 1 Tag Neumond, 13 bis 14 Tage zunehmend, 1 Tag Vollmond. Diese beiden Rhythmen überschneiden sich und sind gegeneinander verschoben.
Der auf- und absteigende Mond errechnet sich nach dem Tierkreis und bietet Ihnen zusätzliche Ausweichtermine, wenn Ihnen beispielsweise einmal das Wetter einen Strich durch die Rechnung macht.

Die vier Mondphasen

Sie können dieses Phänomen am Himmel beobachten: Es gibt den Neumondtag, an dem der Mond von der Erde aus nicht zu sehen ist, dann folgen zwei Wochen, in denen der Mond zunimmt, und zwar von rechts nach links.
Bei klarem Himmel ist anschließend eine Nacht lang der Vollmond zu sehen, auf den zwei Wochen des abnehmenden Mondes folgen; in dieser Zeit sieht die Mondsichel wie ein C aus, der Mond nimmt jetzt von rechts nach links ab.
Denken Sie einfach an die Buchstabenfolge ABC, denn bei AB-nehmendem Mond ist die Mondsichel wie ein C geformt.

Neumond
Merken Sie sich diesen Tag für den Rückschnitt vor: Besonders wenn Sie einen Strauch oder Baum einmal radikal zurückschneiden wollen, stehen die Chancen gut, dass er das unbeschadet übersteht und im nächsten Jahr wieder üppig austreibt.

Die Tierkreiszeichen

Die zwölf Zeichen des Tierkreises werden in vier Gruppen unterteilt, diese Zuordnung bleibt immer gleich:

Fruchttage
Steht der Mond im Zeichen Widder, Löwe oder Schütze, dann sind das ideale Termine zum Setzen oder Säen. Dabei spielt es keine Rolle, ob Sie nun den Widder- oder Löwe-Mond wählen, wichtig ist allerdings die Mondphase: Bei zunehmendem Mond setzt oder sät man Pflanzen, die oberirdisch Früchte tragen, bei abnehmendem Mond z. B. Wurzelgemüse.
Fruchttage bei abnehmendem Mond eignen sich außerdem perfekt für die Vorratshaltung.

Wurzeltage
Dies sind die Tage, an denen der Mond im Zeichen Stier, Jungfrau oder Steinbock steht. Bei abnehmendem Mond sind sie gute Alternativen zu den Fruchttagen, wenn man Wurzelgemüse setzen oder aussäen möchte.

Blütentage
Meiden Sie beim Gießen möglichst oft die Blütentage (Zwillinge, Waage, Wassermann)! Frisch gesetzte Pflänzchen gießt man selbstverständlich nach Bedarf, aber alle anderen sollten Sie an anderen Terminen gießen, sonst vergeilen die Triebe leicht. Nutzen Sie die Blütentage bei zunehmendem Mond im Frühjahr, um Blumen zu setzen oder auszusäen.

Blatttage
Unabhängig von der Mondphase sind Krebs, Skorpion und Fische die idealen Termine zum Rasenmähen und zum gründlichen Gießen Ihrer Pflanzen, egal ob sie im Topf, in Balkonkästen oder im Garten wachsen. Bei zunehmendem Mond kann man an diesen Tagen auch sehr gut Blattgemüse wie Spinat, Lauch und Mangold pflanzen oder aussäen. Für alles, was einen Kopf bilden soll, also Salat und Kohl, empfiehlt sich allerdings die abnehmende Mondphase.

Zunehmender Mond
Diese Phase ist ideal, um Pflanzen zu säen oder zu setzen, die oberirdische Früchte tragen, also Tomaten, Bohnen, Gurken, Beerensträucher, Obstbäume usw. Am besten wählen Sie dafür einen Fruchttag. Düngen sollten Sie allerdings besser bei abnehmendem Mond.

Vollmond
Wie der Neumond dauert auch der Vollmond nur einen Tag. Pflanzen und Früchte strotzen jetzt nur so vor Saft und Energie. Wenn Sie sie jetzt zurückschneiden, können Sie großen Schaden anrichten, manche Pflanzen erholen sich nie wieder davon.

Abnehmender Mond
An diesen Tagen setzt oder sät man Pflanzen, die unterirdisch Früchte entwickeln, beispielsweise Wurzelgemüse und Kartoffeln, aber auch Knollensellerie und Zwiebeln. Diese Mondphase eignet sich auch gut zum Düngen und um Pflanzen zurückzuschneiden und welke Blüten abzuzupfen.

Der Zyklus des auf- und absteigenden Mondes

Bei den auf- und absteigenden Mondkräften handelt es sich um eine ganz eigene Einteilung. Sie ist unabhängig von den Mondphasen und bezieht sich ausschließlich auf den Stand des Mondes im Tierkreis. Wenn Sie für Ihre Gartenarbeiten einmal keinen guten Termin entsprechend der Zeichen und der Mondphasen wählen konnten, halten Sie sich an die folgende Einteilung; sie bietet Ihnen sozusagen eine zweite Riege an günstigen Tagen.

Aufsteigender Mond

Vielleicht merken Sie sich, dass das Symbol des aufsteigenden Mondes wie eine Obstschale aussieht, was Sie an die Ernte erinnern soll. An Schütze, Steinbock, Wassermann, Fische, Widder und Stier können Sie sich halten, wenn Sie eine grobe Orientierung brauchen, welche Tage zum Ernten gut geeignet sind.

Absteigender Mond

Der absteigende Mond, das heißt die Zeit, in der der Mond die Zeichen Zwillinge, Krebs, Löwe, Jungfrau, Waage und Skorpion durchläuft, begünstigt dagegen die Wurzelbildung der Pflanzen nach dem Säen, Setzen oder Umtopfen und stärkt so ihr Wachstum. Ich präge mir immer ein, dass die Spitzen des absteigenden Mondsymbols nach unten zeigen und auf die Erde, also auf das Setzen und Säen hinweisen.

Die besten Termine

Diese Übersicht soll Ihnen die längerfristige Planung erleichtern. Im Kalenderteil finden Sie die Mondphasen, Zeichen und Tipps Tag für Tag durch die entsprechenden Symbole dargestellt.

Pflanzen setzen oder aussäen

Was oberirdisch Früchte tragen soll, setzt oder sät man am besten an Fruchttagen im zunehmenden Mond. Für Wurzelgemüse wählt man den abnehmenden Mond an Frucht- oder Wurzeltagen. Das gilt auch für Vorkulturen im Frühbeet oder Kräuter auf der Fensterbank. Die Jungfrau-Tage eignen sich für jegliche Pflanzung, sie sind die Allrounder unter den Pflanztagen. Alternativ wählt man einen Termin bei absteigendem Mond.

Düngen

Bei Kübelpflanzen kommt es nicht so darauf an, aber im Freien sollten Sie möglichst nur bei abnehmendem Mond oder an Vollmond düngen, dann können die Pflanzen die Nährstoffe auch gut aufnehmen. Meiden Sie die Löwe-Tage, sie haben oft eine so stark austrocknende Wirkung, dass die Wurzeln regelrecht verbrennen können.

Gießen

Ideal ist gründliches Gießen an den Blatttagen, ungünstig an den Blütentagen. Aber selbstverständlich steht es nicht dafür, welke Pflanzen darben zu lassen, nur weil gerade der Mond nicht günstig steht.

Unkraut jäten

Dafür wählt man am besten den abnehmenden Mond, perfekt sind die Steinbocktage. Meiden Sie die Löwe-Tage, sonst treiben selbst kleinste übersehene Wurzeln und Samen womöglich noch einmal aus.

Rückschnitt

Ob Sie Obstbäume auslichten, Sträucher und Hecken stutzen oder welke Rosenblüten abschneiden wollen: Wählen Sie die abnehmende Mondphase oder den Neumondtag, möglichst in einem passenden Zeichen (Blütentage für Blumen und Stauden, Fruchttage für Obstbäume, Beerensträucher und um Tomaten auszugeizen, Wurzeltage und speziell den Jungfrau-Mond für alles andere).

Rasenmähen

Mähen Sie unabhängig von der Mondphase bevorzugt an den Blatttagen, dann wird Ihr Rasen schön dicht und widerstandsfähig. Bei abnehmendem Mond können Sie den Rasenschnitt auch mal liegen lassen; bei zunehmendem Mond bildet er oft faulige Klumpen.

Komposthaufen an- und umsetzen

Diese Arbeiten legt man am besten auf die abnehmende Mondphase, dann wird der Haufen nicht zu feucht, trocknet aber auch nicht aus. Besonders gut eignen sich die Wurzeltage, aber wenn das gerade nicht passt, weil z. B. der Mond an den nächsten Wurzeltagen zunimmt, wählen Sie eben ein anderes Zeichen. Die Mondphase ist hier das wichtigere Kriterium.

Ernten/Einlagern/Konservieren
Damit Ihre schöne Ernte nicht zu schnell verwelkt oder gar zu faulen oder schimmeln beginnt, sollten Sie für die Vorratshaltung auf die abnehmende Mondphase achten und möglichst einen Fruchttag wählen: Ob Sie Ihre Ernte einlagern oder einmieten, einfrieren, zu Marmelade oder Pesto verarbeiten – jetzt ist der richtige Zeitpunkt. Die Sachen schimmeln nicht so leicht, halten gut und bleiben lange saftig.
Meiden Sie den zunehmenden Mond, den Vollmond sowie die Zeichen Krebs, Jungfrau und Fische!

Foto: © jakkapan/Shutterstock.com

Spezielle Tipps

Die Jungfrau-Tage sind für praktisch jede Arbeit mit Pflanzen bestens geeignet. Wenn Sie einmal den Schwung erlebt haben, mit dem einem die Gartenarbeit an diesen Tagen von der Hand geht, wissen Sie, dass es sich lohnt, den Mondstand zu berücksichtigen!

Wollen Sie Ihre Gartengeräte vor dem Winter oder die Obstregale vor dem Einlagern noch einmal gründlich reinigen, können Sie die besten Resultate bei **abnehmendem Mond an einem** Wassertag erwarten, optimal ist das Zeichen **Fische**. Anschließend sollten Sie alles noch einen Tag lang gründlich trocknen lassen.

Krebs und Fische sind die Zeichen, an denen alles besonders viel Feuchtigkeit zieht, speziell bei zunehmendem Mond. Sie müssen damit rechnen, dass sich beispielsweise Zaunpfosten nachträglich lockern, wenn die Feuchtigkeit wieder aus dem Holz weicht. Und für die Vorratshaltung sind diese Zeichen ebenfalls ungeeignet.

Die Legende zum Mondkalendarium finden Sie auf Seite 20.
Besonders günstige Arbeiten sind mit ✓ gekennzeichnet. Ungünstige Tage erkennen Sie durch das ✕.

Pflanzenteile: ● Fruchttag ● Wurzeltag ● Blütentag ● Blatttag
Tage ohne besondere Kennzeichnung sind neutral.

JANUAR

	1	2	3	4	5	6	7	8	9	10	11	12	13	14	15	16	17	18	19	20	21	22	23	24	25	26	27	28	29	30	31
	Fr	Sa	So	Mo	Di	Mi	Do	Fr	Sa	So	Mo	Di	Mi	Do	Fr	Sa	So	Mo	Di	Mi	Do	Fr	Sa	So	Mo	Di	Mi	Do	Fr	Sa	So
Zunehm. Mond								◑	◑	◑	◑	◑	◑	◑	◑	◑	◑	◑	◑	◑	◑										
Vollmond																						○									
Abnehm. Mond	◐	◐	◐	◐	◐	◐																	◐	◐	◐	◐	◐	◐	◐	◐	◐
Neumond							●																								
Tierkreiszeichen	♎	♏	♏	♐	♐	♐	♑	♑	♒	♒	♒	♓	♓	♈	♈	♈	♉	♉	♊	♊	♋	♋	♌	♌	♍	♍	♎	♎	♏	♏	♏
Pflanzenteil	🟡	🟢	🟢	🟠	🟠	🟠	🟤	🟤	🟡	🟡	🟡	🟢	🟢	🟠	🟠	🟠	🟤	🟤	🟡	🟡	🟢	🟢	🟠	🟠	🟤	🟤	🟡	🟡	🟢	🟢	🟢
Auf-/absteigend	▽	▽	▽	▲	▲	▲	▲	▲	▲	▲	▲	▲	▲	▲	▲	▲	▲	▲	▲	▽	▽	▽	▽	▽	▽	▽	▽	▽	▽	▽	▽
Setzen/Säen																															
Düngen																															
Gießen	✗	✓							✗	✗	✗	✓	✓						✗	✗	✓	✓			✓	✓	✗	✗	✓	✓	✓
Unkraut jäten			✓																												
Rückschnitt				✓	✓	✓	✓													✗	✗	✗	✓	✓	✓	✓					
Rasenmähen																															
Kompost																															
Ernten/Lagern/Kons.				✓	✓	✓						✗	✗							✗	✗	✗	✓	✓	✗	✗					

FEBRUAR

	1	2	3	4	5	6	7	8	9	10	11	12	13	14	15	16	17	18	19	20	21	22	23	24	25	26	27	28
	Mo	Di	Mi	Do	Fr	Sa	So	Mo	Di	Mi	Do	Fr	Sa	So	Mo	Di	Mi	Do	Fr	Sa	So	Mo	Di	Mi	Do	Fr	Sa	So
Zunehm. Mond							◑	◑	◑	◑	◑	◑	◑	◑	◑	◑	◑	◑	◑	◑								
Vollmond																					○							
Abnehm. Mond	◐	◐	◐	◐	◐																	◐	◐	◐	◐	◐	◐	◐
Neumond						●																						
Tierkreiszeichen	♐	♐	♑	♑	♑	♒	♒	♓	♓	♓	♈	♈	♉	♉	♊	♊	♋	♋	♌	♌	♍	♍	♎	♎	♎	♏	♏	♐
Pflanzenteil	🟠	🟠	🟤	🟤	🟤	🟡	🟡	🟢	🟢	🟢	🟠	🟠	🟤	🟤	🟡	🟡	🟢	🟢	🟠	🟠	🟤	🟤	🟡	🟡	🟡	🟢	🟢	🟠
Auf-/absteigend	▲	▲	▲	▲	▲	▲	▲	▲	▲	▲	▲	▲	▲	▲	▽	▽	▽	▽	▽	▽	▽	▽	▽	▽	▽	▽	▽	▽
Setzen/Säen																												✓
Düngen																			✗	✗								✓
Gießen						✗	✗	✓	✓	✓					✗	✗	✓	✓			✓	✓	✗	✗	✗	✓	✓	
Unkraut jäten																												
Rückschnitt	✓	✓	✓	✓	✓														✗	✗	✗	✓						✓
Rasenmähen																												
Kompost																												
Ernten/Lagern/Kons.	✓	✓						✗	✗	✗							✗	✗	✗	✗	✗	✗						✓

MÄRZ

	1	2	3	4	5	6	7	8	9	10	11	12	13	14	15	16	17	18	19	20	21	22	23	24	25	26	27	28	29	30	31
	Mo	Di	Mi	Do	Fr	Sa	So	Mo	Di	Mi	Do	Fr	Sa	So	Mo	Di	Mi	Do	Fr	Sa	So	Mo	Di	Mi	Do	Fr	Sa	So	Mo	Di	Mi
Zunehm. Mond									◐	◐	◐	◐	◐	◐	◐	◐	◐	◐	◐	◐	◐										
Vollmond																						○									
Abnehm. Mond	◑	◑	◑	◑	◑	◑	◑																◑	◑	◑	◑	◑	◑	◑	◑	◑
Neumond								●																							
Tierkreiszeichen	♐	♑	♑	♑	♒	♒	♒	♓	♓	♈	♈	♉	♉	♊	♊	♊	♋	♋	♌	♌	♍	♍	♎	♎	♏	♏	♐	♐	♐	♑	♑
Pflanzenteil	🟠	🟤	🟤	🟤	🟡	🟡	🟡	🟢	🟢	🟠	🟠	🟤	🟤	🟡	🟡	🟡	🟢	🟢	🟠	🟠	🟤	🟤	🟡	🟡	🟢	🟢	🟠	🟠	🟠	🟤	🟤
Auf-/absteigend	▲	▲	▲	▲	▲	▲	▲	▲	▲	▲	▲	▲	▲	▽	▽	▽	▽	▽	▽	▽	▽	▽	▽	▽	▽	▽	▲	▲	▲	▲	▲
Setzen/Säen	✓	✓	✓	✓						✓	✓								✓	✓	✓				✓	✓	✓	✓	✓	✓	✓
Düngen	✓	✓	✓	✓				✗											✗	✗							✓	✓	✓	✓	✓
Gießen					✗	✗	✗	✓	✓					✗	✗	✗	✓	✓			✓	✓	✗	✗	✓	✓					
Unkraut jäten																			✗	✗	✗	✗					✗	✗	✗	✓	✓
Rückschnitt	✓	✓	✓	✓				✓												✗	✗	✗					✓			✓	✓
Rasenmähen																									✓						
Kompost		✓	✓	✓																										✓	✓
Ernten/Lagern/Kons.	✓							✗	✗								✗	✗		✗	✗	✗					✓	✓	✓		

APRIL

	1	2	3	4	5	6	7	8	9	10	11	12	13	14	15	16	17	18	19	20	21	22	23	24	25	26	27	28	29	30
	Do	Fr	Sa	So	Mo	Di	Mi	Do	Fr	Sa	So	Mo	Di	Mi	Do	Fr	Sa	So	Mo	Di	Mi	Do	Fr	Sa	So	Mo	Di	Mi	Do	Fr
Zunehm. Mond								◐	◐	◐	◐	◐	◐	◐	◐	◐	◐	◐	◐											
Vollmond																				○										
Abnehm. Mond	◑	◑	◑	◑	◑	◑															◑	◑	◑	◑	◑	◑	◑	◑	◑	◑
Neumond							●																							
Tierkreiszeichen	♒	♒	♒	♓	♓	♈	♈	♈	♉	♉	♊	♊	♋	♋	♌	♌	♍	♍	♎	♎	♏	♏	♏	♐	♐	♑	♑	♑	♒	♒
Pflanzenteil	🟡	🟡	🟡	🟢	🟢	🟠	🟠	🟠	🟤	🟤	🟡	🟡	🟢	🟢	🟠	🟠	🟤	🟤	🟡	🟡	🟢	🟢	🟢	🟠	🟠	🟤	🟤	🟤	🟡	🟡
Auf-/absteigend	▲	▲	▲	▲	▲	▲	▲	▲	▲	▲	▽	▽	▽	▽	▽	▽	▽	▽	▽	▽	▽	▽	▽	▲	▲	▲	▲	▲	▲	▲
Setzen/Säen				✓	✓	✓		✓							✓	✓	✓	✓			✓	✓	✓	✓	✓	✓	✓	✓		
Düngen						✓	✗													✓				✓	✓	✓	✓	✓		
Gießen	✗	✗	✗	✓	✓						✗	✗	✓	✓			✓	✓	✗	✗	✓	✓	✓						✗	✗
Unkraut jäten	✓	✓	✓												✗	✗		✗	✗	✗				✗	✗	✓	✓	✓	✓	✓
Rückschnitt						✓	✓											✗	✗	✗				✓	✓	✓	✓	✓		
Rasenmähen													✓	✓							✓	✓								
Kompost																										✓	✓	✓		
Ernten/Lagern/Kons.				✗	✗	✓							✗	✗			✗	✗	✗	✗				✓	✓					

MAI

	1	2	3	4	5	6	7	8	9	10	11	12	13	14	15	16	17	18	19	20	21	22	23	24	25	26	27	28	29	30	31
	Sa	So	Mo	Di	Mi	Do	Fr	Sa	So	Mo	Di	Mi	Do	Fr	Sa	So	Mo	Di	Mi	Do	Fr	Sa	So	Mo	Di	Mi	Do	Fr	Sa	So	Mo
Zunehm. Mond							◑	◑	◑	◑	◑	◑	◑	◑	◑	◑	◑	◑	◑												
Vollmond																				○											
Abnehm. Mond	◐	◐	◐	◐	◐																◐	◐	◐	◐	◐	◐	◐	◐	◐	◐	◐
Neumond						●																									
Tierkreiszeichen	♓	♓	♓	♈	♈	♉	♉	♊	♊	♋	♋	♌	♌	♍	♍	♎	♎	♎	♏	♏	♐	♐	♑	♑	♑	♒	♒	♒	♓	♓	♈
Pflanzenteil	🟢	🟢	🟢	🟠	🟠	🟤	🟤	🟡	🟡	🟢	🟢	🟠	🟠	🟤	🟤	🟡	🟡	🟡	🟢	🟢	🟠	🟠	🟤	🟤	🟤	🟡	🟡	🟡	🟢	🟢	🟠
Auf-/absteigend	▲	▲	▲	▲	▲	▲	▲	▽	▽	▽	▽	▽	▽	▽	▽	▽	▽	▽	▽	▽	▲	▲	▲	▲	▲	▲	▲	▲	▲	▲	▲
Setzen/Säen	✓	✓	✓	✓	✓							✓	✓	✓	✓						✓	✓	✓	✓	✓				✓	✓	✓
Düngen				✓	✓	✗						✗	✗							✓	✓	✓	✓	✓	✓						✓
Gießen	✓	✓	✓					✗	✗	✓	✓			✓	✓	✗	✗	✗	✓	✓						✗	✗	✗	✓	✓	
Unkraut jäten												✗	✗					✗	✗	✗	✗	✗	✓	✓	✓	✓	✓	✓			
Rückschnitt				✓	✓	✓												✗	✗	✗	✓	✓	✓	✓	✓						✓
Rasenmähen			✓							✓	✓								✓	✓									✓		
Kompost																							✓	✓	✓						
Ernten/Lagern/Kons.	✗	✗	✗	✓	✓					✗	✗			✗	✗			✗	✗	✗	✓	✓							✗	✗	✓

JUNI

	1	2	3	4	5	6	7	8	9	10	11	12	13	14	15	16	17	18	19	20	21	22	23	24	25	26	27	28	29	30
	Di	Mi	Do	Fr	Sa	So	Mo	Di	Mi	Do	Fr	Sa	So	Mo	Di	Mi	Do	Fr	Sa	So	Mo	Di	Mi	Do	Fr	Sa	So	Mo	Di	Mi
Zunehm. Mond					◑	◑	◑	◑	◑	◑	◑	◑	◑	◑	◑	◑	◑	◑												
Vollmond																			○											
Abnehm. Mond	◐	◐	◐																	◐	◐	◐	◐	◐	◐	◐	◐	◐	◐	◐
Neumond				●																										
Tierkreiszeichen	♈	♉	♉	♊	♊	♋	♋	♌	♌	♌	♍	♍	♎	♎	♏	♏	♐	♐	♐	♑	♑	♒	♒	♒	♓	♓	♈	♈	♈	♉
Pflanzenteil	🟠	🟤	🟤	🟡	🟡	🟢	🟢	🟠	🟠	🟠	🟤	🟤	🟡	🟡	🟢	🟢	🟠	🟠	🟠	🟤	🟤	🟡	🟡	🟡	🟢	🟢	🟠	🟠	🟠	🟤
Auf-/absteigend	▲	▲	▲	▽	▽	▽	▽	▽	▽	▽	▽	▽	▽	▽	▽	▽	▲	▲	▲	▲	▲	▲	▲	▲	▲	▲	▲	▲	▲	▲
Setzen/Säen	✓	✓	✓					✓	✓	✓	✓	✓					✓	✓		✓	✓				✓	✓	✓	✓	✓	✓
Düngen	✓	✓	✓	✗				✗	✗	✗									✓	✓	✓						✓	✓	✓	✓
Gießen				✗	✗	✓	✓				✓	✓	✗	✗	✓	✓						✗	✗	✗	✓	✓				
Unkraut jäten								✗	✗	✗							✗	✗	✗	✓	✓	✓	✓	✓						
Rückschnitt	✓	✓	✓	✓													✗	✗	✗	✓	✓						✓	✓	✓	✓
Rasenmähen							✓								✓	✓									✓	✓				
Kompost		✓	✓																	✓	✓									✓
Ernten/Lagern/Kons.	✓					✗	✗				✗	✗					✗	✗	✗						✗	✗	✓	✓	✓	

JULI

JULI	1	2	3	4	5	6	7	8	9	10	11	12	13	14	15	16	17	18	19	20	21	22	23	24	25	26	27	28	29	30	31
	Do	Fr	Sa	So	Mo	Di	Mi	Do	Fr	Sa	So	Mo	Di	Mi	Do	Fr	Sa	So	Mo	Di	Mi	Do	Fr	Sa	So	Mo	Di	Mi	Do	Fr	Sa
Zunehm. Mond					◐	◐	◐	◐	◐	◐	◐	◐	◐	◐	◐	◐	◐														
Vollmond																		○													
Abnehm. Mond	◑	◑	◑																◑	◑	◑	◑	◑	◑	◑	◑	◑	◑	◑	◑	◑
Neumond				●																											
Tierkreiszeichen	♉	♊	♊	♋	♋	♌	♌	♍	♍	♎	♎	♏	♏	♏	♐	♐	♑	♑	♑	♒	♒	♓	♓	♓	♈	♈	♉	♉	♊	♊	♋
Pflanzenteil	🟤	🟡	🟡	🟢	🟢	🟠	🟠	🟤	🟤	🟡	🟡	🟢	🟢	🟢	🟠	🟠	🟤	🟤	🟤	🟡	🟡	🟢	🟢	🟢	🟠	🟠	🟤	🟤	🟡	🟡	🟢
Auf-/absteigend	▲	▽	▽	▽	▽	▽	▽	▽	▽	▽	▽	▽	▽	▽	▲	▲	▲	▲	▲	▲	▲	▲	▲	▲	▲	▲	▲	▲	▽	▽	▽
Setzen/Säen	✓					✓	✓	✓	✓						✓	✓			✓			✓	✓	✓	✓	✓	✓	✓			✓
Düngen	✓			✗		✗	✗											✓	✓						✓	✓					
Gießen		✗	✗	✓	✓			✓	✓	✗	✗	✓	✓	✓						✗	✗	✓	✓	✓					✗	✗	✓
Unkraut jäten						✗	✗								✗	✗	✗	✗	✓	✓	✓										
Rückschnitt	✓			✓												✗	✗	✗	✓						✓	✓	✓	✓			
Rasenmähen					✓							✓	✓	✓								✓	✓	✓							✓
Kompost	✓																		✓								✓	✓			
Ernten/Lagern/Kons.				✗	✗			✗	✗							✗	✗	✗				✗	✗	✗	✓	✓					✗

AUGUST

AUGUST	1	2	3	4	5	6	7	8	9	10	11	12	13	14	15	16	17	18	19	20	21	22	23	24	25	26	27	28	29	30	31
	So	Mo	Di	Mi	Do	Fr	Sa	So	Mo	Di	Mi	Do	Fr	Sa	So	Mo	Di	Mi	Do	Fr	Sa	So	Mo	Di	Mi	Do	Fr	Sa	So	Mo	Di
Zunehm. Mond			◐	◐	◐	◐	◐	◐	◐	◐	◐	◐	◐	◐	◐	◐															
Vollmond																	○														
Abnehm. Mond	◑																	◑	◑	◑	◑	◑	◑	◑	◑	◑	◑	◑	◑	◑	
Neumond		●																													●
Tierkreiszeichen	♋	♌	♌	♍	♍	♎	♎	♏	♏	♏	♐	♐	♑	♑	♑	♒	♒	♓	♓	♓	♈	♈	♉	♉	♉	♊	♊	♋	♋	♌	♌
Pflanzenteil	🟢	🟠	🟠	🟤	🟤	🟡	🟡	🟢	🟢	🟢	🟠	🟠	🟤	🟤	🟤	🟡	🟡	🟢	🟢	🟢	🟠	🟠	🟤	🟤	🟤	🟡	🟡	🟢	🟢	🟠	🟠
Auf-/absteigend	▽	▽	▽	▽	▽	▽	▽	▽	▽	▽	▲	▲	▲	▲	▲	▲	▲	▲	▲	▲	▲	▲	▲	▲	▲	▽	▽	▽	▽	▽	▽
Setzen/Säen	✓		✓	✓	✓						✓	✓						✓	✓	✓	✓	✓	✓	✓	✓			✓	✓	✓	
Düngen		✗	✗														✓														✗
Gießen	✓			✓	✓	✗	✗	✓	✓	✓						✗	✗	✓	✓	✓						✗	✗	✓	✓		
Unkraut jäten		✗	✗								✗	✗			✗	✗	✗													✗	✗
Rückschnitt		✓													✗	✗	✗				✓	✓	✓	✓	✓					✓	✓
Rasenmähen									✓	✓								✓	✓	✓								✓			
Kompost																							✓	✓	✓						
Ernten/Lagern/Kons.	✗			✗	✗										✗	✗	✗	✗	✗	✗	✓	✓						✗	✗	✓	

SEPTEMBER

	1	2	3	4	5	6	7	8	9	10	11	12	13	14	15	16	17	18	19	20	21	22	23	24	25	26	27	28	29	30
	Mi	Do	Fr	Sa	So	Mo	Di	Mi	Do	Fr	Sa	So	Mo	Di	Mi	Do	Fr	Sa	So	Mo	Di	Mi	Do	Fr	Sa	So	Mo	Di	Mi	Do
Zunehm. Mond	◐	◐	◐	◐	◐	◐	◐	◐	◐	◐	◐	◐	◐	◐	◐															
Vollmond																○														
Abnehm. Mond																	◑	◑	◑	◑	◑	◑	◑	◑	◑	◑	◑	◑	◑	
Neumond																														●
Tierkreiszeichen	♍	♍	♎	♎	♏	♏	♐	♐	♐	♑	♑	♒	♒	♒	♓	♓	♈	♈	♉	♉	♉	♊	♊	♋	♋	♌	♌	♍	♍	♎
Pflanzenteil	🟤	🟤	🟡	🟡	🟢	🟢	🟠	🟠	🟠	🟤	🟤	🟡	🟡	🟡	🟢	🟢	🟠	🟠	🟤	🟤	🟤	🟡	🟡	🟢	🟢	🟠	🟠	🟤	🟤	🟡
Auf-/absteigend	▽	▽	▽	▽	▽	▽	▲	▲	▲	▲	▲	▲	▲	▲	▲	▲	▲	▲	▲	▲	▲	▽	▽	▽	▽	▽	▽	▽	▽	▽
Setzen/Säen	✓	✓					✓	✓	✓								✓	✓	✓	✓	✓			✓	✓	✓	✓	✓	✓	
Düngen																														
Gießen	✓	✓	✗	✗	✓	✓						✗	✗	✗	✓	✓						✗	✗	✓	✓			✓	✓	✗
Unkraut jäten							✗	✗						✗	✗	✗										✗	✗			
Rückschnitt														✗	✗	✗	✓	✓	✓	✓	✓					✓	✓	✓	✓	✓
Rasenmähen						✓									✓	✓								✓	✓					
Kompost																			✓	✓	✓									
Ernten/Lagern/Kons.														✗	✗	✗	✓	✓						✗	✗	✓	✓	✗	✗	

OKTOBER

	1	2	3	4	5	6	7	8	9	10	11	12	13	14	15	16	17	18	19	20	21	22	23	24	25	26	27	28	29	30	31
	Fr	Sa	So	Mo	Di	Mi	Do	Fr	Sa	So	Mo	Di	Mi	Do	Fr	Sa	So	Mo	Di	Mi	Do	Fr	Sa	So	Mo	Di	Mi	Do	Fr	Sa	So
Zunehm. Mond	◐	◐	◐	◐	◐	◐	◐	◐	◐	◐	◐	◐	◐	◐																◐	◐
Vollmond															○																
Abnehm. Mond																◑	◑	◑	◑	◑	◑	◑	◑	◑	◑	◑	◑	◑			
Neumond																													●		
Tierkreiszeichen	♎	♏	♏	♐	♐	♐	♑	♑	♒	♒	♒	♓	♓	♈	♈	♈	♉	♉	♊	♊	♋	♋	♌	♌	♍	♍	♍	♎	♎	♏	♏
Pflanzenteil	🟡	🟢	🟢	🟠	🟠	🟠	🟤	🟤	🟡	🟡	🟡	🟢	🟢	🟠	🟠	🟠	🟤	🟤	🟡	🟡	🟢	🟢	🟠	🟠	🟤	🟤	🟤	🟡	🟡	🟢	🟢
Auf-/absteigend	▽	▽	▲	▲	▲	▲	▲	▲	▲	▲	▲	▲	▲	▲	▲	▲	▲	▲	▽	▽	▽	▽	▽	▽	▽	▽	▽	▽	▽	▽	▽
Setzen/Säen				✓	✓	✓								✓		✓	✓	✓					✓	✓	✓	✓	✓				
Düngen																															
Gießen	✗	✓	✓						✗	✗	✗	✓	✓						✗	✗	✓	✓			✓	✓	✓	✗	✗	✓	✓
Unkraut jäten				✗	✗	✗							✗	✗	✗								✗	✗							
Rückschnitt													✗	✗	✗	✓	✓	✓					✓	✓	✓	✓	✓		✓		
Rasenmähen		✓										✓	✓																	✓	
Kompost																	✓	✓													
Ernten/Lagern/Kons.												✗	✗	✗	✗	✓					✗	✗	✓	✓	✗	✗	✗				

NOVEMBER

	1	2	3	4	5	6	7	8	9	10	11	12	13	14	15	16	17	18	19	20	21	22	23	24	25	26	27	28	29	30
	Mo	Di	Mi	Do	Fr	Sa	So	Mo	Di	Mi	Do	Fr	Sa	So	Mo	Di	Mi	Do	Fr	Sa	So	Mo	Di	Mi	Do	Fr	Sa	So	Mo	Di
Zunehm. Mond	◐	◐	◐	◐	◐	◐	◐	◐	◐	◐	◐	◐	◐																◐	◐
Vollmond														○																
Abnehm. Mond															◑	◑	◑	◑	◑	◑	◑	◑	◑	◑	◑	◑	◑			
Neumond																												●		
Tierkreiszeichen	♐	♐	♑	♑	♑	♒	♒	♓	♓	♓	♈	♈	♉	♉	♊	♊	♋	♋	♋	♌	♌	♍	♍	♎	♎	♏	♏	♐	♐	♐
Pflanzenteil	🟠	🟠	🟤	🟤	🟤	🟡	🟡	🟢	🟢	🟢	🟠	🟠	🟤	🟤	🟡	🟡	🟢	🟢	🟢	🟠	🟠	🟤	🟤	🟡	🟡	🟢	🟢	🟠	🟠	🟠
Auf-/absteigend	▲	▲	▲	▲	▲	▲	▲	▲	▲	▲	▲	▲	▲	▲	▽	▽	▽	▽	▽	▽	▽	▽	▽	▽	▽	▽	▽	▲	▲	▲
Setzen/Säen	✓	✓																												
Düngen																														
Gießen						✗	✗	✓	✓	✓					✗	✗	✓	✓	✓			✓	✓	✗	✗	✓	✓			
Unkraut jäten																														
Rückschnitt												✗	✗	✗						✓	✓	✓	✓					✓		
Rasenmähen								✓	✓	✓																				
Kompost																														
Ernten/Lagern/Kons.								✗	✗	✗		✗	✗	✗			✗	✗	✗	✓	✓	✗	✗							

DEZEMBER

	1	2	3	4	5	6	7	8	9	10	11	12	13	14	15	16	17	18	19	20	21	22	23	24	25	26	27	28	29	30	31
	Mi	Do	Fr	Sa	So	Mo	Di	Mi	Do	Fr	Sa	So	Mo	Di	Mi	Do	Fr	Sa	So	Mo	Di	Mi	Do	Fr	Sa	So	Mo	Di	Mi	Do	Fr
Zunehm. Mond		◐	◐	◐	◐	◐	◐	◐	◐	◐	◐	◐																◐	◐	◐	◐
Vollmond													○																		
Abnehm. Mond														◑	◑	◑	◑	◑	◑	◑	◑	◑	◑	◑	◑	◑					
Neumond																											●				
Tierkreiszeichen	♑	♑	♒	♒	♒	♓	♓	♈	♈	♉	♉	♉	♊	♊	♋	♋	♌	♌	♍	♍	♎	♎	♏	♏	♏	♐	♐	♑	♑	♒	♒
Pflanzenteil	🟤	🟤	🟡	🟡	🟡	🟢	🟢	🟠	🟠	🟤	🟤	🟤	🟡	🟡	🟢	🟢	🟠	🟠	🟤	🟤	🟡	🟡	🟢	🟢	🟢	🟠	🟠	🟤	🟤	🟡	🟡
Auf-/absteigend	▲	▲	▲	▲	▲	▲	▲	▲	▲	▲	▲	▲	▽	▽	▽	▽	▽	▽	▽	▽	▽	▽	▽	▽	▽	▲	▲	▲	▲	▲	▲
Setzen/Säen																															
Düngen																															
Gießen			✗	✗	✗	✓	✓						✗	✗	✓	✓			✓	✓	✗	✗	✓	✓	✓					✗	✗
Unkraut jäten																															
Rückschnitt											✗	✗	✗				✓	✓	✓	✓						✓	✓				
Rasenmähen																															
Kompost																															
Ernten/Lagern/Kons.						✗	✗				✗	✗	✗		✗	✗	✓	✓	✗	✗						✓					

HINWEISE ZUM LESEN DES KALENDARIUMS

PFLANZENTEILE

- Wurzel
- Blatt
- Blüte
- Frucht

TIERKREISZEICHEN

- ♈ Widder
- ♉ Stier
- ♊ Zwillinge
- ♋ Krebs
- ♌ Löwe
- ♍ Jungfrau
- ♎ Waage
- ♏ Skorpion
- ♐ Schütze
- ♑ Steinbock
- ♒ Wassermann
- ♓ Fische

Bei den Angaben des Wochentages finden Sie die Mondphasen in Symbolen dargestellt, aus denen die Tage mit Neumond, Vollmond, zunehmendem sowie abnehmendem Mond entnommen werden können.

MONDPHASEN

- ● Neumond
- ◐ zunehmender Mond, erstes Viertel
- ○ Vollmond
- ◑ abnehmender Mond, letztes Viertel

Die Angaben der günstigsten Pflanzzeiten in den jeweiligen Monaten können als Richtwerte angesehen werden. Die hier verwendeten Angaben entsprechen jenen der bewährten Mondkalender.
Nähere Erläuterungen zur „Verwendung des Mondkalenders" finden Sie ab Seite 10.

Foto © alexgo.photography/Shutterstock

JANUAR

Foto © Tunatura/Shutterstock.com

JANUAR 2027

28 Montag			
29 Dienstag			
30 Mittwoch			
31 Donnerstag			
01 Freitag	Neujahr		
02 Samstag		Wie das Wetter an Makarius war, so wird der September: trüb oder klar.	
03 Sonntag			

Wurzel-Tag Blatt-Tag Blüten-Tag Frucht-Tag △ Kompost-Tag

JANUAR 2027

04 Montag			
05 Dienstag		Im Januar dickes Eis, im Mai ein üppig Reis.	
06 Mittwoch	Heilige Drei Könige		
07 Donnerstag			
08 Freitag			
09 Samstag			
10 Sonntag			

JANUAR 2027

11 Montag		
12 Dienstag		
13 Mittwoch		Wie das Wetter an Makarius war, so wird der September: trüb oder klar.
14 Donnerstag		
15 Freitag		
16 Samstag		
17 Sonntag		

Wurzel-Tag Blatt-Tag Blüten-Tag Frucht-Tag △ Kompost-Tag

18 Montag

19 Dienstag

20 Mittwoch

An Fabian und Sebastian fängt
Baum und Tag zu wachsen an.

21 Donnerstag

22 Freitag

23 Samstag

24 Sonntag

JANUAR 2027

25 Montag			
26 Dienstag			
27 Mittwoch			
28 Donnerstag			
29 Freitag			
30 Samstag		An Martina Sonnenschein verheißt viel Frucht und guten Wein.	
31 Sonntag			

Wurzel-Tag Blatt-Tag Blüten-Tag Frucht-Tag Kompost-Tag

NOTIZEN

DIE GARTENKOLUMNE

FRANZÖSISCHE HERBSTTRÄUME

Die Idee zu einem Bericht über Bäume und ihre eindrucksvollen Rinden kam mir bei einer Vorbereitungsreise in die Normandie. Die Gärten präsentierten sich im spätherbstlichen Kleid, und beim Spaziergang durch die unfassbar liebevoll gestalteten Anlagen zeigten sich die „Hauptdarsteller" – sagen wir es salopp – in der „Unterwäsche", denn vom prachtvollen Laub waren nur noch letzte Reste vorhanden. Dafür strahlten nun die Rinden.

Die Gärten, die ich besuchte, sind Oasen für Pflanzenliebhaber und in einer so großen Vielfalt, dass so manches botanische Lexikon hintanstehen muss. Aus allen Teilen der Erde sind die Gehölze zusammengetragen worden und beeindrucken durch ihre Robustheit. Wenn ein Ehepaar auf gut 10.000 Quadratmetern mehr als 6000 (!) verschiedene Pflanzen im Lauf der letzten 40 Jahre gesammelt hat oder ein anderes auf 12 Hektar ein Arboretum angelegt hat, wobei allein hier exakt aufgelistet 511 verschiedene Ahornbäume stehen, dann ist das Gartenliebe pur. Berechtigterweise hat dieser Garten letztes Jahr die außergewöhnliche Auszeichnung: „Der schönste Garten Frankreichs" erhalten. Doch eines sollte man bei aller Liebe der Besitzer zu den Pflanzen nie vergessen: Ohne die außergewöhnlichen Hauptdarsteller – die Bäume und Sträucher – wäre alles nichts.

WICHTIGE GARTENARBEITEN im Januar

ZIERGARTEN

- Kontrollieren Sie Ihre Gehölze regelmäßig auf Frostschäden und möglichen Wildverbiss – gerade junge Pflanzen sind jetzt gefährdet.
- Schwere, nasse Schneelasten sollten Sie vorsichtig von Sträuchern und immergrünen Gehölzen abschütteln, damit keine Äste brechen.
- Nutzen Sie die ruhigere Zeit, um neue Pflanzungen zu planen und Ihre Beete gedanklich neu zu gestalten.
- Empfindliche Pflanzen danken es Ihnen, wenn Sie sie zusätzlich mit Reisig oder Vlies schützen.
- Kontrollieren Sie Rankhilfen und Befestigungen an Kletterpflanzen – Winterstürme können hier Schäden verursachen.

OBSTGARTEN

- Werfen Sie regelmäßig einen Blick auf Ihr eingelagertes Obst und entfernen Sie faulige Früchte sofort, damit sich keine Fäulnis ausbreitet.
- Auch Fallobst im Garten sollte jetzt konsequent beseitigt werden, um Krankheiten vorzubeugen.
- An frostfreien Tagen können Sie bereits mit dem Winterschnitt bei Kernobst beginnen.
- Vergessen Sie nicht, den Stammschutz gegen Wildverbiss zu kontrollieren.
- Achten Sie darauf, nur bei trockenem Wetter zu schneiden, um Infektionen zu vermeiden.

GEMÜSEGARTEN

- Achten Sie auf geeignete Lagerbedingungen – viele Gemüsearten benötigen kühle, aber frostfreie Temperaturen.
- Kontrollieren Sie Ihre eingelagerten Gemüsevorräte und sortieren Sie beschädigte Knollen oder Wurzeln aus.
- Jetzt ist die ideale Zeit, um die Fruchtfolge für das kommende Jahr zu planen und Ihre Beete sinnvoll einzuteilen.
- Reinigen und warten Sie Gartengeräte, damit sie im Frühjahr einsatzbereit sind.
- Planen Sie bereits erste Aussaaten für den Spätwinter (z. B. im Haus oder Gewächshaus).

ZIMMERGARTEN

- Zimmerpflanzen benötigen jetzt deutlich weniger Wasser – gießen Sie daher sparsam und vermeiden Sie Staunässe.
- Achten Sie besonders auf Schädlinge, die sich bei trockener Heizungsluft rasch ausbreiten können.
- Ein möglichst heller Standort hilft den Pflanzen durch die dunkle Jahreszeit.
- Lüften Sie regelmäßig, ohne die Pflanzen Zugluft auszusetzen.
- Entfernen Sie Staub von den Blättern, damit die Pflanzen besser Licht aufnehmen können.
- Drehen Sie die Pflanzen gelegentlich (mit Ausnahme von Kamelien!), damit sie gleichmäßig wachsen.

WINTER-VITAMINPFLANZE im Porträt

Foto © avoferten/Shutterstock.com

Vogelmiere (*Stellaria media*)

Vogelmiere zählt zu den unscheinbaren, aber wertvollen Wildpflanzen im Garten und liefert auch in der kalten Jahreszeit frisches Grün. Ursprünglich in Europa und Asien verbreitet, wächst sie heute nahezu überall und bleibt selbst bei niedrigen Temperaturen oft vital.
Für Selbstversorger ist sie interessant, weil sie ohne gezielte Aussaat erscheint und über längere Zeit genutzt werden kann. Die zarten Triebe enthalten Vitamin C, Mineralstoffe und weitere Inhaltsstoffe, die den Speiseplan im Winter sinnvoll ergänzen. Mit ihrem flachen, dichten Wuchs bedeckt sie offene Bodenstellen und trägt zu einem ausgeglichenen Bodenklima bei.

Der Anbau ist kaum erforderlich, da sich Vogelmiere zuverlässig selbst aussät. Wer sie fördern möchte, lässt kleine Bestände im Beet stehen oder sät gezielt in Kisten und Töpfe. Ein lockerer, humoser Boden und gleichmäßige Feuchtigkeit begünstigen das Wachstum. Auch bei kühler Witterung entwickelt sich die Pflanze kontinuierlich weiter.

Geerntet werden die jungen Triebe mit der Schere. Regelmäßiger Schnitt hält die Pflanzen zart und regt den Neuaustrieb an. Auf diese Weise steht über viele Wochen hinweg frisches Grün zur Verfügung. Vor der Verwendung kurz waschen.

Vogelmiere hat einen milden, leicht nussigen Geschmack und lässt sich vielseitig verwenden. Sie passt in Salate, aufs Butterbrot oder als frische Ergänzung zu Suppen und Aufstrichen und bringt eine feine, unaufdringliche Würze in die Winterküche.

INDOOR-GÄRTNERN & FENSTERBANK

Foto © ronstik/Shutterstock.com

Kresse & Microgreens (*Lepidium sativum* u. a.)

Kresse zählt zu den einfachsten und zugleich wertvollsten Pflanzen für die winterliche Selbstversorgung. Ursprünglich aus Vorderasien stammend, liefert sie innerhalb weniger Tage frisches Grün – genau dann, wenn draußen kaum etwas wächst. Mit dem Trend zu Microgreens hat sie zusätzlich an Bedeutung gewonnen.

Für Selbstversorger ist sie ideal, weil sie unabhängig von Garten und Jahreszeit kultiviert werden kann. Auf der Fensterbank ausgesät, keimen die Samen rasch und sind bereits nach fünf bis sieben Tagen erntereif. Die jungen Keimlinge enthalten Vitamin C, Senföle und zahlreiche sekundäre Pflanzenstoffe, die gerade im Winter eine wertvolle Ergänzung des Speiseplans darstellen.
Der Anbau ist unkompliziert: Kresse wächst auch ohne Erde auf feuchtem Küchenpapier oder Watte. Wichtig sind gleichmäßige Feuchtigkeit und ein heller Standort. Microgreens wie Radieschen, Brokkoli oder Rucola werden ähnlich gezogen, benötigen jedoch meist eine dünne Erdschicht. Geerntet wird mit der Schere, sobald die Keimblätter voll entwickelt sind.

Geschmacklich reicht die Palette von mild-würzig bis angenehm scharf. Kresse passt klassisch aufs Butterbrot, verfeinert Suppen und Salate und bringt frische Würze in die Winterküche.

Empfehlenswerte Pflanzenarten:
Gartenkresse – schnell und zuverlässig
Radieschen-Microgreens – würzig
Brokkoli-Microgreens – mild
Rucola-Microgreens – fein scharf
Amaranth-Microgreens – rot, leicht nussig

NACHHALTIGE GARTENWERKZEUGE

Foto © www.krumpholz1799.de

Leidenschaft Gartenarbeit – da müssen die Geräte robust sein und jahrein, jahraus hohen Belastungen standhalten

Wie werden Gartenträume wahr? Indem man sie umsetzt. Dazu braucht es bestmögliches Werkzeug. Was aber ist das genau?

Im Garten macht nicht nur das Träumen und Planen Spaß. Auch das Tatkräftige, Handfeste, Bodenständige und Praktische ist ein Genuss, der Körper und Geist erfrischt. Auch wenn's mal anstrengend ist. Schwierig wird es erst, wenn's klemmt. Wenn der Boden nicht bereitet, die Pflanzen nicht gesetzt, gepflegt, geerntet werden können. Weil das jetzt gerade benötigte Werkzeug nicht zur Hand ist oder weil es gerade eine Macke hat. Deswegen gehören Gartenträume und bestmögliches, „vernünftiges" Werkzeug immer zusammen.

Beispiel Gartenschere

Kennen Sie das Gefühl, wie ärgerlich es ist, wenn die Gartenschere nicht schneidet? Wenn sie den Zweig einklemmt, dabei selbst verklemmt und alles andere macht als saubere, glatte, an der Pflanze gut verheilende Schnittwunden? Gartengeräte sind schnell überfordert. Dann, wenn ein Billiggerät nicht für die Leistung gebaut ist, die ihm abverlangt wird. Für ein paar Schnipselschnitte im Jahr reicht eine Asia-Billigschere aus dem Discounter womöglich aus. Zu mehr aber auch nicht. Soll die Schere hingegen Leistung ermöglichen, checkt man vor dem Kauf besser, was sie (nicht) zu leisten imstande ist.

- Ist sie aus Guss oder aus geschmiedetem Stahl? Ist sie aus Gusseisen, dann kann sie zerbrechen, wenn sie auf steinernen Boden fällt.
- Ahmt die Schere eine hochwertige nach, ist aber aus grobschlächtigen, nicht aufeinander abgestimmten Komponenten zusammengesetzt?
- Kann die Schere zur Pflege der Einzelteile (reinigen, schärfen, ölen) auseinandergebaut und danach schnell und einfach und ohne Verkanten neu montiert werden?
- Wie ist das Gewicht der Schere? Überlegen Sie einmal, wie viele Kilogramm Zusatzgewicht Sie am Arbeitstag bewegen müssen, wenn die Schere auch nur ein paar Gramm schwerer ist, als es bei optimaler Bauart erforderlich gewesen wäre. Die Sehnenscheiden lassen grüßen ...
- Gibt es im Bedarfsfall Ersatzteile für das Gerät? Oder schmeißen Sie gleich die ganze Gartenschere fort, nur weil Sie leider deren Stahlfeder irgendwo im Beet verloren haben?

Reparatur vor Neukauf

Nachhaltigkeit in allen Lebensbereichen findet immer mehr Beachtung. Das macht ja auch Sinn: Warum gleich ein ganzes Werkzeug entsorgen, nur weil von ihm etwas verloren gegangen oder ein Bestandteil unter der Belastung im Gartenalltag kaputtgegangen ist? In den meisten Fällen geht Reparatur vor Neuanschaffung. Und es gibt nachhaltigere Werkstoffe für Gartenwerkzeuge als billige Bleche und Kunststoffüberzüge.

Haben Sie schon mal überlegt, wo die Lack- und Kunststoffpartikel bleiben (und wie lange dort),

Zertifizierter Herkunftsnachweis · Made in Germany GmbH
Member of Rat für Formgebung German Design Council
Deutsche Standards MARKE DES JAHRHUNDERTS 2022
TASPO AWARDS 2018 GEWINNER
german brand award 18 winner
220 JAHRE 1799-2019
QUALITÄT AUS TRADITION
Seit 1799 stehen wir für beste Qualität unserer handgeschmiedeten Gartenwerkzeuge. Die halten, was sie versprechen. Ein Gärtnerleben lang. Nachhaltig produziert. Ohne Kunststoffe.
www.krumpholz1799.de
KRUMPHOLZ®
Werkzeugfabrikation seit 1799

die sich von Ihrem Gartengerät beim Gebrauch abrubbeln? Dann doch lieber Gartengeräte aus geschmiedetem Stahl, überzogen von einem wasserlöslichen Lack. Es kann zwar Flugrost ansetzen, der putzt sich aber beim Gebrauch des Geräts gleich wieder blank. Nachhaltige Gartenwerkzeuge sind von langlebiger Qualität. Sie können diese Werkzeuge sogar vererben.

„Nachhaltigkeit" meint eigentlich: „Sicherheit"

Etwas, das nachhält, ist langfristig sichergestellt. Deswegen bedeutet gelebte Nachhaltigkeit eben nicht irgendeine Ökoromantik. Vielmehr berücksichtigt jeder Aspekt von Nachhaltigkeit die entscheidende Frage: Stellt das, was ich heute tue, sicher, dass ich es morgen und übermorgen auch noch tun kann? Oder zerstöre ich mit meinem Tun heute meine Optionen von Zukunft – und die der nachfolgenden Generation womöglich gleich mit? Nachhaltiges Gartenwerkzeug zu erwerben und zu nutzen heißt: hingucken. Ist es billiges Blech, das gleich verbiegt? Oder aus Stahl geschmiedet – gemacht für lange Haltbarkeit? Ist die Nachhaltigkeitswerbung eines Herstellers reine Augenwischerei, sogenanntes „Green Washing"? Oder bekennt sich der Hersteller über nachhaltige Materialien hinaus auch zu anderen Aspekten der unternehmerischen Nachhaltigkeit – Strom aus Wasser- oder Windkraft, nachhaltiger Fuhrpark, CO_2-neutraler Produktvertrieb, nachhaltiger, zukunftsorientierter Umgang mit seinen Mitarbeiterinnen und Mitarbeitern im Unternehmen?

Merke: Das nachhaltigste Gartenwerkzeug ist dasjenige, das nicht nur selbst nachhaltig ist und von Ihnen nachhaltig genutzt wird, sondern das vom Markenhersteller auch nachhaltig erzeugt wurde und das bestenfalls auch noch recyclingfähig.

Billiges Blech oder geschmiedeter Stahl – was meinen Sie bietet die höherwertige und belastbare Qualität?

RINDEN ALS WINTERLICHE GARTENATTRAKTION

Im Winter, wenn viele Pflanzen ihre Blätter verlieren, dann trumpfen einige Baumarten auf: Sie haben so außergewöhnliche Rinden, dass sie die Blicke auf sich ziehen: einzigartige Struktur, überraschende Farben oder ein interessantes Muster. Hier sechs der schönsten Gehölze, für die allesamt jetzt noch die beste Pflanzzeit ist:

Himalaya-Birke
(*Betula utilis* var. *jacquemontii*)

Die schneeweiße Rinde erinnert an frischen Pulverschnee und reflektiert das Winterlicht eindrucksvoll. Sie wirkt als Einzelstück genauso wie in einer Gruppenpflanzung. Wer es ganz genau nimmt, der reinigt die Stämme vor dem Winter mit einer sanften Seifenlösung und einer weichen Bürste – so wie es die Gärtner in vielen Schaugärten in England machen.

Rote China-Birke
(*Betula albosinensis 'Bois Marquis'*)

Diese aus China stammende Birkenart besticht durch ihre außergewöhnlich schöne, kupferrote bis rötlich braune Rinde, die sich in dünnen, papierartigen Streifen ablöst und so ein faszinierendes Farbspiel bietet. Besonders im Winter wird die leuchtende Rinde zum Blickfang und setzt interessante Akzente im Garten. Der Baum wächst schlank und elegant, ist robust und pflegeleicht.

Zimtahorn (*Acer griseum*)

Der Zimtahorn ist vor allem für seine auffällige rotbraune bis zimtfarbene Rinde bekannt, die sich in dünnen, papierartigen Streifen abrollt und so auch im Winter einen besonderen Blickfang bietet. Das zarte Laub färbt sich im Herbst leuchtend orange bis scharlachrot, wodurch der Baum zu jeder Jahreszeit dekorativ wirkt. Durch seine kompakte Wuchsform eignet sich der Zimtahorn auch als Hausbaum in kleineren Gärten.

Schlangenhaut-Ahorn (*Acer davidii*)

Dieser Ahorn begeistert im winterlichen Garten mit seiner markant gestreiften Rinde, die in Grün- und Weißtönen schimmert und an das Muster einer Schlangenhaut erinnert. Besonders junge Triebe zeigen die kontrastreichen Streifen sehr deutlich und setzen lebendige Akzente in der sonst ruhigen Winterlandschaft. Durch seinen eleganten, meist mehrstämmigen Wuchs wirkt der Baum leicht und filigran. Damit die dekorative Rinde optimal zur Geltung kommt, sollte der Standort gut sichtbar gewählt werden, etwa entlang eines Gartenwegs oder vor einer dunklen Gehölzkulisse. Der Schlangenhaut-Ahorn bevorzugt einen sonnigen bis halbschattigen Platz sowie einen frischen, durchlässigen Boden. Er benötigt nur gelegentlich einen Auslichtungsschnitt.

Koreanischer Schlangenhaut-Ahorn
(*Acer tegmentosum*)

Dieser Ahorn aus Ostasien zeichnet sich besonders durch seine auffällig tief eingeschnittenen, segmentierten Blätter aus, die sich im Herbst von Gelb bis Orange färben. Die glatte, häufig hellgraue bis grünliche Rinde bleibt auch im Winter attraktiv, was ihn zu einem zierenden Gehölz für Gärten macht. Der Koreanische Schlangenhaut-Ahorn bevorzugt sonnige bis halbschattige Standorte und ist relativ pflegeleicht.

Mahagoni-Kirsche (*Prunus serrulata* 'Rufa')

Ihre außergewöhnlich schöne, glänzende Rinde schimmert mahagonifarben, teils kupferrot im Sonnenlicht und zieht so alle Blicke auf sich. Die glatte Oberfläche der Rinde hebt sich besonders eindrucksvoll von der winterlichen Umgebung ab und sorgt für farbliche Akzente, wenn viele andere Gehölze eher unscheinbar wirken. Der Standort sollte sonnig bis halbschattig sein, der Boden gut durchlässig.

Himalaya-Birke Foto © guentermanaus/Shutterstock

Rote China-Birke Foto © Craig Russell/Shutterstock

Zimtahorn Foto © Joe Kuis/Shutterstock

Schlangenhaut-Ahorn Foto © Alistair MacLean/Shutterstock

Koreanischer Schlangenhaut-Ahorn
Foto © N. Stertz/Shutterstock

Mahagoni-Kirsche
Foto © Vadi Fuoco/Shutterstock

Feuer--Hartriegel

(*Cornus sanguinea* 'Midwinter Fire')

Dieser Hartriegel zählt zu den eindrucksvollsten Wintergehölzen überhaupt. Seine jungen Triebe zeigen ein faszinierendes Farbspiel von Gelb über Orange bis hin zu leuchtendem Rot, das besonders in der kalten Jahreszeit intensiv zur Geltung kommt. Je nach Lichteinfall wirken die Zweige wie von innen heraus beleuchtet und setzen lebendige Akzente in der winterlichen Gartenlandschaft. Vor dunklem Hintergrund oder in Kombination mit Raureif und Schnee entfaltet sich die volle Leuchtkraft dieser außergewöhnlichen Färbung.

Der Strauch wächst breitbuschig und eignet sich hervorragend für Gruppenpflanzungen, lockere Hecken oder als strukturgebendes Element im Staudenbeet. Damit die Farbwirkung erhalten bleibt, ist ein regelmäßiger, kräftiger Rückschnitt im zeitigen Frühjahr empfehlenswert, da vor allem junge Triebe die intensivsten Farben zeigen. Der Standort sollte sonnig bis halbschattig sein, der Boden frisch bis feucht und gut durchlässig.

Feuer-Hartriegel Foto © Chris Lawrence Images/Shutterstock

REZEPT des Monats

WINTERSALAT MIT GERÄUCHERTER FORELLE

Zutaten

140 g Vogerlsalat
140 g Asiasalate
2 Orangen
2 geräucherte Forellenfilets

Dressing:
3 EL Balsamicoessig
1 TL Honig
4 EL Olivenöl
Salz, Pfeffer
ev. Veilchen oder andere essbare Blüten zum Dekorieren

Zubereitung

Die Salate waschen und trocken schleudern. Die Orangen filetieren und klein schneiden. Die Fischfilets zerpflücken und mit den Orangenfilets auf dem Salat verteilen. Das glatt gerührte Dressing über den Salat gießen, mit Veilchen oder anderen essbaren Blüten dekorieren.

Fotos © Christoph Bohler, photographyfirm/ Shutterstock

BUCHTIPP des Monats

Dieser Bestseller ist seit Jahren eines der beliebtesten Bücher von Karl Ploberger – in neuer Optik, mit aktuellen Fotos und ergänztem Text ist er für jeden Gartenliebhaber ein Must-have. Die häufigsten Gartenfragen beantwortet der Experte in diesem Buch: kurz, knackig und informativ! Eingeteilt werden die Fragen & Antworten praxisnah nach dem „phänologischen Kalender der Natur".
In diesem gibt es zehn Jahreszeiten, die jeweils durch eine Leitpflanze eingeleitet werden.

365 Gartenfragen & Antworten
für intelligente Faule
Karl Ploberger
168 Seiten
avBUCH Verlag
ISBN 978-3-8404-7591-7
€ 15, 50

FRAGEN UND ANTWORTEN rund ums Garteln

Auf den Bäumen in meinem Garten finde ich seit einigen Jahren immer Moos und graue Flechten. Sind die schädlich und soll ich sie mit Hochdruckwasser absprühen?
Nein, diese Flechten und Moose sind keinesfalls schlecht. Moose sind ein Zeichen für eine eher feuchte Umgebung, die Flechten für eine viel bessere Luft. Niemals mit Hochdrucksprüher entfernen, das kann die Rinde schädigen. Falls unbedingt nötig, mit einer weichen Wurzelbürste bei trockenem Wetter entfernen.

Immer öfter sehe ich bei meinem Kirschbaum goldgelbe, honigartige „Tränen". Muss ich die entfernen und woher kommen sie?
„Tränen" finde ich eine nette Umschreibung, denn tatsächlich ist es für den Baum ein typisches Stresszeichen. Oft ist der Gummifluss – so heißt er wirklich – auf einen falschen Zeitpunkt beim Rückschnitt oder Verletzungen der Rinde zurückzuführen. Nicht entfernen und in Zukunft Steinobst (trifft nämlich nicht nur Kirschen) immer im Sommer schneiden, dann heilen die Wunden rasch.

Bei meiner Platane löst sich in großen Platten die Rinde. Soll ich hier bewusst nachhelfen und aktiv die Rinde entfernen oder mit Wundverschluss einstreichen?
Am besten nichts machen, das ist ein ganz typisches Wachstumszeichen der Platane, die damit ihr Dickenwachstum des Stammes ausgleicht. Früher dachte man übrigens, dass die Platane hier Schadstoffe abstößt, und hat sie deshalb in den Städten mit hoher Luftverschmutzung gepflanzt. Doch die Rinde ist nur deshalb verschmutzt, weil sich Staub an der Außenseite sammelt.

Noch mehr Antworten auf die wichtigsten Gartenfragen finden Sie in dem Buch ***365 Gartenfragen und Antworten für intelligente Faule (CADMOS/avBuch Verlag)*** *und in der Zeitschrift Garten + Haus, www.garten-haus.at.*

Foto © Christoph Döbler

FEBRUAR

Foto © OLAYOLA/Shutterstock.com

FEBRUAR 2027

01 Montag			
02 Dienstag			
03 Mittwoch			
04 Donnerstag			
05 Freitag		Am Fünften, am Agathentag, da rieselt das Wasser den Berg hinab.	
06 Samstag			
07 Sonntag			

Wurzel-Tag Blatt-Tag Blüten-Tag Frucht-Tag Kompost-Tag

08 Montag			
09 Dienstag			
10 Mittwoch			
11 Donnerstag		Heftiger Nordwind im Februar vermelden ein fruchtbar Jahr.	
12 Freitag			
13 Samstag			
14 Sonntag		Kalter Valentin, früher Lenzbeginn.	

FEBRUAR 2027

15 Montag			
16 Dienstag			
17 Mittwoch			
18 Donnerstag		Der Simon zeigt mit seinem Tage, der Frost ist nicht mehr lange Plage.	
19 Freitag			
20 Samstag			
21 Sonntag			

Wurzel-Tag Blatt-Tag Blüten-Tag Frucht-Tag △ Kompost-Tag

22 Montag ♍			
23 Dienstag ♎			
24 Mittwoch ♎			
25 Donnerstag ♎			
26 Freitag ♏		Alexander und Leander (27. Februar) riechen Märzenluft miteinander.	
27 Samstag ♏			
28 Sonntag ♐			

DIE GARTENKOLUMNE

... UND SIE BLÜHEN TROTZDEM WIEDER!

Betrachtet man die vergangenen Jahre, dann fällt es schwer, von einem normalen Leben zu sprechen. Alles scheint ein wenig außer Rand und Band zu sein. Kein Tag ohne politische, wirtschaftliche oder auch klimatische Überraschungen. Da heißt es oft tief durchatmen, um all das zu verkraften.
Und dann der Moment, der bei mir jedes Jahr die Aufbruchstimmung symbolisiert. Der erste Gartenrundgang an einem sonnigen Tag. Es duftet plötzlich nach Frühling. Wohin man blickt, zeigen sich die Blattspitzen der Frühlingsblüher; Schneeglöckchen blühen schon, und die so entzückenden Alpenveilchen – genauer heißen sie „Vorfrühlings-Alpenveilchen" – tauchen mit ihren fast leuchtfarbenartigen Blüten an den unterschiedlichsten Stellen auf. Dazu die vielen Blüten der Schneerosen, der Duft von Mahonien, Duftheckenkirsche oder der Winterblüte und – nicht zu vergessen – die gelben Blütenteppiche der Winterlinge.
Zu Mittag wird der Garten vom Gesang der Vögel, vom Summen der Insekten erfüllt, und endlich flattern auch die ersten Schmetterlinge durch das Paradies rund ums Haus.
Gab's da Meldungen über Skandale, Unglücke oder Unwetter? Vergessen! – Der Garten ist das beste Antidepressivum, das es gibt. Und wer keinen Garten hat, kann sich mit ein paar Handgriffen den Frühling auf den Balkon oder die Terrasse zaubern. Die großartigste Möglichkeit, Kraft zu tanken, gibt's natürlich draußen in der Natur. Tief durchatmen und einfach all die Tristesse vergessen – die beste Methode, dem Leben eine positive Wende zu geben.

Fotos © Christoph Böhler, OE993/Shutterstock.com

WICHTIGE GARTENARBEITEN im Februar

ZIERGARTEN

- ○ Nutzen Sie frostfreie Tage, um Ziergehölze fachgerecht zurückzuschneiden und so einen kräftigen Austrieb zu fördern.
- ○ Entfernen Sie vorsichtig abgestorbenes Laub und Pflanzenreste aus Staudenbeeten, damit neue Triebe genügend Licht und Luft erhalten.
- ○ Kontrollieren Sie weiterhin den Winterschutz empfindlicher Pflanzen und bessern Sie ihn bei Bedarf aus.
- ○ Erste Frühblüher können Sie jetzt leicht düngen, um ihre Entwicklung zu unterstützen.
- ○ Achten Sie darauf, dass Wasser gut abfließen kann, da Staunässe im Winter schnell zu Wurzelschäden führt.

OBSTGARTEN

- ○ Kontrollieren Sie Leimringe an den Stämmen und erneuern Sie diese gegebenenfalls.
- ○ Der Winterschnitt bei Obstbäumen kann jetzt konsequent durchgeführt werden, sofern kein starker Frost herrscht.
- ○ Entfernen Sie Schnittgut aus dem Garten, um Krankheiten und Schädlinge nicht zu fördern.
- ○ Prüfen Sie Baumbindungen und passen Sie diese an, damit sie nicht einwachsen.
- ○ Planen Sie neue Obstgehölzpflanzungen und bereiten Sie Pflanzgruben vor.

GEMÜSEGARTEN

- ○ Erste Aussaaten von Salat oder frühen Gemüsearten sind im Haus oder unter Glas möglich.
- ○ Lockern Sie den Boden vorsichtig, sobald er frostfrei ist, ohne ihn zu stark zu bearbeiten.
- ○ Sieben Sie Kompost und stellen Sie ihn für die kommende Saison bereit.
- ○ Reinigen Sie Aussaatgefäße und Werkzeuge gründlich.
- ○ Planen Sie die Beeteinteilung unter Berücksichtigung der Fruchtfolge.
- ○ Bereiten Sie Ihr Frühbeet oder Gewächshaus für die ersten Kulturen vor.

ZIMMERGARTEN

- ○ Mit zunehmendem Lichtbedarf beginnt langsam die Wachstumsphase Ihrer Zimmerpflanzen.
- ○ Beginnen Sie vorsichtig mit der Düngung, jedoch noch in moderaten Mengen.
- ○ Umtopfen ist jetzt möglich, besonders bei stark durchwurzelten Pflanzen. Denken Sie daran, die Pflanzen im Anschluss anzugießen.
- ○ Passen Sie die Wassergaben langsam an die steigenden Bedürfnisse an.
- ○ Kontrollieren Sie Pflanzen weiterhin regelmäßig auf Schädlinge.
- ○ Achten Sie auf einen hellen, möglichst gleichmäßigen Standort. Vergeilte Pflanzen sind anfällig für beißende und saugende Schädlinge.

WINTER-VITAMINPFLANZE im Porträt

Foto © Smit/Shutterstock.com

Spinat (*Spinacia oleracea*)

Spinat ist eine bewährte Blattpflanze für die Winterernte, die auch bei niedrigen Temperaturen frisches Grün liefert. Ursprünglich aus Vorderasien stammend, gehört er heute zu den wichtigsten Kulturgemüsen und ist bestens für den Anbau in der kalten Jahreszeit geeignet.

Für Selbstversorger ist Spinat besonders interessant, weil er den ganzen Winter über beerntet werden kann. Die dunkelgrünen Blätter enthalten Vitamin C, Eisen und zahlreiche sekundäre Pflanzenstoffe, die den Speiseplan in den Wintermonaten bereichern. Mit seinem zügigen Wachstum schließt er die Lücke zwischen Herbst und Frühjahr und sorgt über viele Wochen hinweg für eine kontinuierliche Ernte.

Der Anbau gelingt im Beet, Hochbeet oder Kasten. Ausgesät wird im Spätsommer bis in den Herbst hinein, an sonnigen bis halbschattigen Standorten. Ein lockerer, humoser Boden mit gleichmäßiger Feuchtigkeit fördert das Wachstum. Die Pflanzen sind frosthart und überstehen auch längere Kälteperioden problemlos. Bei Bedarf kann ein leichter Schutz mit Vlies die Entwicklung unterstützen und die Erntezeit verlängern. Regelmäßiges Schneiden einzelner Blätter regt den Neuaustrieb an und ermöglicht mehrere Erntedurchgänge.

Die Blätter werden laufend geerntet. Im Winter sind sie besonders zart und mild, während sie im Frühjahr kräftiger im Geschmack werden. Spinat eignet sich sowohl für frische Salate als auch für warme Gerichte. Er bringt wertvolle Nährstoffe und vielseitige Verwendungsmöglichkeiten in die winterliche Küche und ist aus dem Selbstversorgergarten kaum wegzudenken.

INDOOR-GÄRTNERN & FENSTERBANK

Foto © giedre vaitekune/Shutterstock.com

Zwiebelgrün aus Küchenresten

Zwiebelgrün lässt sich mit wenig Aufwand direkt in der Küche nachziehen. Aus Resten von Frühlingszwiebeln oder Speisezwiebeln entsteht innerhalb weniger Tage frisches Grün, das sich vielseitig verwenden lässt. Diese einfache Methode zeigt, wie schnell aus Küchenabfällen wieder etwas Lebendiges wächst.

Für den Anbau werden die Wurzelansätze der Zwiebeln in ein Glas mit Wasser gestellt, sodass nur der untere Teil bedeckt ist. Schon nach kurzer Zeit treiben neue, grüne Röhrenblätter aus. Ein heller Platz auf der Fensterbank reicht aus, um das Wachstum in Gang zu halten. Das Wasser sollte regelmäßig gewechselt werden, damit die Pflanzen frisch bleiben.
Wer etwas mehr ausprobieren möchte, setzt die Zwiebelreste in Erde – zum Beispiel in Eierkartons. Dort entwickeln sich kräftigere Pflanzen, die über längere Zeit genutzt werden können. Mit jedem Schnitt wachsen neue Triebe nach, sodass sich ein kleiner Vorrat direkt am Fenster aufbauen lässt. Auf diese Weise lässt sich gut beobachten, wie sich die Pflanzen mit jeder Ernte weiterentwickeln.Die jungen Blätter werden mit der Schere geschnitten und treiben danach erneut aus. Das Aroma ist mild zwiebelartig und passt zu Salaten, Eierspeisen oder als frische Würze über warme Gerichte.

Zwiebelgrün bringt frische Noten in die Küche und macht nebenbei sichtbar, wie unkompliziert Pflanzenwachstum sein kann – ein kleiner Versuch mit überraschend großem Effekt.
Auch für Kinder ist das Nachziehen ein einfacher Einstieg in die Welt der Selbstversorger.

VALENTINSTAG: DER HEIMLICHE FRÜHLINGSBEGINN

Der Valentinstag gehört für viele zum heimlichen Frühlingsbeginn – gerade dann, wenn der Winter nicht enden will. Ob traditioneller Frühlingsblumenstrauß oder Primelstöckerl, jedes „Anti-Winter-Depressivum" ist da recht.

Mein Vorschlag: ein Mini-Frühlingsgarten für den Tisch

Früher waren solche Dekorationen in Japan eine traditionelle Gestaltungsform. In den letzten Jahren sind diese Pflanzschalen, die mit Moos und Steinen die Natur nachahmen, auch bei uns im Kommen.

Wie wird gepflanzt?

Eine möglichst große Schale oder einen Pflanzkorb wird zunächst mit einer dünnen Drainageschicht gefüllt: Kieselsteine oder Bimssteinchen sind dafür geeignet. Darauf kommt Pflanzerde. An Pflanzen kann alles verwendet werden, was nicht zu groß wird, damit die Proportionen stimmen: Blausternchen, Schneeglöckchen, Krokusse, Mini-Narzissen, Zwergiris, dazu Schachbrettblumen und als zentraler Blickpunkt eine Mini-Hängeweide. An sie schmiegen sich duftende Narzissen. Die Erde wird mit Moos, Steinen, Holz und Rindenstücken sowie mit leeren Schneckenhäusern abgedeckt. So gewinnt das Minigärtchen rasch an Form.

Am besten aufgehoben ist so eine Pflanzschale in einem kühlen Raum. Im Wintergarten, in einer frostfrei gehaltenen Veranda oder auch in einem unbeheizten Treppenhaus, da verblühen die Pflanzen erst nach Wochen. Später lassen sie sich sogar im Garten wiederverwerten, allerdings müssen sie dafür bis zum Auspflanzen im März oder April gleichmäßig gegossen und auch leicht gedüngt werden.

Bei der Auswahl des Gefäßes kann man kreativ denken, es sollte aber wasserdicht sein. Foto © Burkhard Trautsch/Shutterstock

Die Favoriten für den Blumen-Feiertag

Narzissen (mancherorts auch Märzenbecher)
Ob als Schnittblume oder im Topf – die gelben Blüten sind die Signalfarbe für den ersehnten Frühling. Als Vasendekoration die Stiele „ausbluten" lassen und erst dann mit anderen Schnittblumen zusammenbringen. Der Saft der Narzissen lässt andere Blumen rasch welken.

Tulpen
In vielen Farben und Blütenformen werden sie angeboten. Besonders die großblumigen Sorten („französische" Tulpen) zeigen sich in einer großen Vase sehr lebendig und beginnen in der Zimmerwärme zu wachsen. Das sieht dekorativ aus und schafft einen Tulpenstrauß mit einer beschwingten Lockerheit.

Rosen
Was wäre der Tag der Liebenden ohne die Liebesblume schlechthin? Auch bei den Rosen gibt es schier unendliche Auswahl. Nicht die billigsten wählen, denn oft sind diese Rosen von weither eingeflogen worden und halten „nur noch Stunden". Einige Gärtner bieten heimische, schnittfrische Qualität – gezogen in wohlwarmen Gewächshäusern.

Kamelien
Eine uralte Zimmerpflanze, die über England aus Asien kam. Ist robuster, als viele denken, nur darf sie niemals über 10 Grad, maximal 15 Grad stehen. Sie ist daher keine wirkliche Zimmerpflanze. Im Wintergarten aber ein Traum und blüht und blüht und blüht ...

Primeln
Keine Pflanze ist aus Tradition mehr mit dem Valentinstag verbunden als diese. Und so gibt es sie alljährlich in Millionenauflage in allen nur erdenklichen Farben und Formen. Auch sie sind besonders langlebig, wenn der Standort nicht zu warm ist.

Tulpen Foto © Irina Bacalu/Shutterstock

Rosen Foto © KATSIARYNA KAVALENKA/Shutterstock

Kamelien-Vielfalt Foto © Azulblue/Shutterstock

Primeln Foto © nnattalli/Shutterstock

MEDITERRANE TRÄUME FÜR HEIMISCHE GÄRTEN

Wenn die Urlaubszeit beginnt, beobachten wir die Völkerwanderung in Richtung südlicher Sonne. Dazu Sand, Palmen, Zitronen und der Duft von Kräutern – das verbinden wir mit Ferien am Meer – in Italien, Frankreich, oder wo auch immer.

Doch auch in unseren Breiten können wir unabhängig vom Wetter südliches Flair verwirklichen und bei der Gestaltung unserer Gärten mediterrane Stimmung verbreiten – selbst ohne die frostempfindlichen Pflanzen der südlichen Hemisphäre als Kübelpflanzen zu kultivieren. Es gibt sie, die südlichen Träume ohne die Mühe des Hinaus- und Hineinräumens.

Sanddorn. Foto © Kabar/Shutterstock

Olive des Nordens

Der Olivenbaum des Nordens könnte entweder ein Sanddorn (*Hippophae rhamnoides*) sein – als Baum geschnitten wirkt dieses Gehölz für viele Besucher wie ein Olivenbaum. Einzige Vorliebe: Der Boden sollte möglichst schottrig sein. Ähnliche Vorlieben haben auch die Ölweiden (*Elaeagnus commutata*), die mit ihrem silbrig glänzenden Laub ebenfalls südliche Stimmung vermitteln. Oder wie wäre es mit einer Weidenblatt-Birne (*Pyrus salicifolia*)? Auch dieser Baum hat schon manchen Gartenfreund getäuscht.

Duftende kleine Zitrusfrüchte

Etwas problematischer ist es, einen ausgepflanzten, winterharten *Citrus* im Garten zu haben. Doch es gibt sie, die weit gehend winterharten Bitterorangen (*Citrus trifoliata, Poncirus trifoliata*). Sie wachsen bei uns (langsam), frieren manchmal ein wenig zurück, werden aber von Jahr zu Jahr größer, blühen mit großen weißen Blüten und bilden auch typische Zitrusfrüchte – leider bitter, wie der Name schon sagt. An einer geschützten Stelle erweisen sich diese Gehölze als sehr robust. Aufpassen heißt es nur auf die gewaltigen Dornen, die Kindern gefährlich werden können.

Mediterrane Kräuter

Bleiben noch mediterrane Kräuter wie Lavendel, Thymian, Salbei, Oregano oder Currykraut (*Helichrysum italicum*). In einem Kiesbeet mit viel Sand, Splitt und geringem Humusanteil Boden macht sie jedoch zu Begleitern für viele südliche Sommerträume in unseren Breiten.

Südliches Flair verbreitet auch die Dachwurz (*Sempervivum tectorum*). In ihren vielen Varianten schmückt sie Steinmauern und Kiesstreifen, wächst anspruchslos ohne viel Humus, und das jahrelang.

Der richtige Boden – das Geheimnis des Erfolgs

Durchlässiger Boden ist daher das Um und Auf für dauerhaft gesunde Pflanzen. Eine Drainageschicht aus grobem Kies, Splitt oder Blähton, kombiniert mit einem mineralisch geprägten Substrat, sorgt dafür, dass überschüssiges Wasser rasch abfließen kann. Wer beim Pflanzen gleich daran denkt, erspart sich später viele Enttäuschungen.

Wärmeinseln clever nutzen

Auch sonnige, geschützte Lagen - etwa vor einer Hausmauer oder in einem Innenhof - schaffen ein kleines Mikroklima, das an südliche Regionen erinnert. Helle Wände speichern die Wärme des Tages und geben sie nachts wieder ab. So verlängert sich die Vegetationsperiode ganz nebenbei um ein paar wertvolle Wochen.

Gestaltung mit Urlaubsgefühl

Kommen in einem solchen Garten noch die passenden Gestaltungselemente wie Steinmauern, Schotterflächen und Sitzplätze unter Weinlauben dazu, ist der südliche Traum perfekt - wer stürzt sich da noch ins Verkehrsgewühl? Terrakottagefäße, Natursteinplatten und schlichte Holzmöbel verleihen dem Garten jene Leichtigkeit, die wir aus dem Urlaub kennen. Selbst ein kleiner Sitzplatz, umgeben von duftenden Kräutern, kann zum persönlichen Rückzugsort werden.

Ein Garten für alle Sinne

Und schließlich sind es die Sinne, die entscheiden: das silbrige Schimmern der Blätter im Gegenlicht, das Summen der Insekten an warmen Tagen, der würzige Duft von Lavendel und Thymian. Wer diese Elemente geschickt kombiniert, holt sich den Süden direkt vor die Haustür - ganz ohne lange Anreise. So wird der Garten zum Sehnsuchtsort, der uns jeden Tag ein kleines Stück Urlaub schenkt.

Ölweide Foto © Natalia Kokhanova/Shutterstock

Bitterorange Foto © F_studio/Shutterstock

Currykraut Foto © Irene Fox/Shutterstock

Dachwurz Foto © beautiful-photo.de Oleg B/Shutterstock

FEBRUAR IM GARTEN – DIE LEISEN VORBOTEN DES FRÜHLINGS

Der Februar wirkt oft noch wie ein echter Wintermonat – und doch beginnt jetzt bereits eine der spannendsten Phasen im Gartenjahr. Wer genau hinsieht, entdeckt die ersten Zeichen des Aufbruchs: Schneeglöckchen durchstoßen den Boden, Knospen schwellen an Gehölzen, und an milden Tagen liegt plötzlich ein Hauch von Frühling in der Luft.

Jetzt genau hinschauen

Gerade jetzt lohnt es sich, den Garten bewusst zu beobachten. Viele Entwicklungen passieren im Verborgenen: Wurzeln beginnen zu wachsen, erste Insekten werden aktiv, und auch die Vögel starten bereits mit der Revierbildung. Diese „stille Dynamik" ist es, die den Februar so besonders macht – ein Monat zwischen Ruhe und Neubeginn.

Kleine Arbeiten mit großer Wirkung

An frostfreien Tagen können jetzt bereits erste Pflegearbeiten erledigt werden. Abgestorbene Staudenreste werden entfernt, Beete vorsichtig gelockert und empfindliche Pflanzen kontrolliert. Wichtig ist dabei Zurückhaltung: Der Boden sollte nicht betreten werden, solange er noch zu nass oder gefroren ist. Wer jetzt behutsam arbeitet, schafft ideale Voraussetzungen für den Start in die Saison.

Frühstarter gezielt unterstützen

Frühblüher wie Schneeglöckchen, Winterlinge oder Zaubernuss bringen Farbe in den noch kahlen Garten. Sie profitieren von einem lockeren, humosen Boden und danken es mit einer umso kräftigeren Blüte. Auch ein wenig Kompost rund um die Pflanzen wirkt jetzt Wunder und unterstützt das erste Wachstum.

Ein zusätzlicher Blick lohnt sich auch auf die Vorräte und die kommende Saison: Saatgut kann jetzt gesichtet, ergänzt und erste Aussaaten auf der Fensterbank vorbereitet werden. Wer früh beginnt, gewinnt einen Vorsprung und kann sich schon bald über kräftige Jungpflanzen freuen.

Der Februar ist kein lauter Monat – aber ein entscheidender. Wer sich Zeit nimmt, ihn bewusst zu erleben, erkennt: Der Garten ist längst erwacht, auch wenn man es erst auf den zweiten Blick sieht.

Die Zaubernuss (Hamamelis) blüht jetzt für alle, die aufmerksam durch den Garten gehen. Foto © nnattalli/Shutterstock

REZEPT des Monats

KNUSPERECKEN

Zutaten

250 g lauwarmes Wasser
60 g zarte Haferflocken
60 g Dinkelvollkornmehl
20 g Leinsamen
40 g Sonnenblumenkerne
30 g Sesam
10 g Kürbiskerne
1 TL Salz
1 Prise braunen Zucker
1 EL Olivenöl

Zubereitung

Alle Zutaten vermischen, mit 250 g lauwarmem Wasser verrühren und dann 10 Minuten quellen lassen. Ein Backblech mit Backpapier belegen und die Masse verteilen. Bei 170 Grad Heißluft ca. 60 Minuten backen. Nach 10 Minuten im Backofen die weiche Masse mit einer Teigkarte oder einem Pizzaroller in kleine Dreiecke vorschneiden. Nach der Backzeit kleine Dreiecke abbrechen und diese in Glasbehälter aufbewahren. Idealer Snack für zwischendurch.

BUCHTIPP

des Monats

Karl Ploberger ist ein leidenschaftlicher Biogärtner, der seit Jahren täglich zahlreiche Fragen rund um den Garten beantwortet. Sein Buch „Frag doch den Ploberger!" behandelt aktuelle Themen wie neue Schädlinge und bewährte Tricks gegen Trockenheit. Im zweiten Teil entlarvt er hartnäckige Gartenirrtümer und gibt praxisnahe Tipps. Mit Humor und viel Erfahrung begleitet er Hobbygärtner durch alle Herausforderungen.

Frag doch den Ploberger!

Gartenfragen und Gartenirrtümer

Karl Ploberger
96 Seiten
avBUCH Verlag
ISBN 978-3-8404-7585-6
€ 16, 99

FRAGEN UND ANTWORTEN rund ums Garteln

Kann ich im Februar schon umgraben? Meine Erde ist so fest.
Grundsätzlich wird im Herbst umgegraben, bei stark verdichteten Böden kann aber auch jetzt gelockert werden. Unbedingt Kompost einarbeiten, das fördert Dauerhumus. Erde aber erst dann bearbeiten, wenn der Boden frostfrei und abgetrocknet ist.

Wie schaffe ich es, Winterlinge anzusiedelnd? Aus Knollen konnte ich sie nicht erfolgreich vermehren.
Am besten kauft man sie jetzt als Pflanzen im Topf. Später die Samen ausstreuen – sie keimen aber erst im kommenden Jahr!

Warum schneidet man Marille und Kirsche nicht jetzt im Winter?
Alle Steinfrüchte haben erst im vollen Wachstum eine gute Wundheilung und sie könnten sich leicht durch Pilzkrankheiten infizieren.

Was ist als Blattglanz-Mittel besser? Bier oder Milch – oder doch die im Handel erhältlichen Produkte?
Fertige Blattglanzmittel sind sicherlich okay, oftmals gibt es sie auch schon ohne Chemie. Beim Bier und bei der Milch unbedingt immer mit Wasser 1 : 1 verdünnen und mit einem Schwamm das Blatt an der Ober- und der Unterseite abwischen. Das beseitigt auch den Staub und eventuelle Schädlinge. Bei großblättrigen Pflanzen leicht, bei kleinblättrigen eine mühevolle Aufgabe. Da sind die Fertigprodukte dann oft einfacher. Am besten nach einer Dusche zum Staub-Entfernen.

Noch mehr Antworten auf die wichtigsten Gartenfragen finden Sie in dem Buch ***365 Gartenfragen und Antworten für intelligente Faule (CADMOS/avBuch Verlag)*** *und in der Zeitschrift Garten + Haus, www.garten-haus.at.*

Foto © Christoph Böhler

MÄRZ

MÄRZ 2027

01
Montag

02
Dienstag

03
Mittwoch

04
Donnerstag

05
Freitag

06
Samstag

07
Sonntag

Wurzel-Tag Blatt-Tag Blüten-Tag Frucht-Tag Kompost-Tag

08 Montag	♓		
09 Dienstag	♓		
10 Mittwoch	♈		Die 40 Ritter gar noch mit Eis und Schnee, die tun den Öfen noch lange weh.
11 Donnerstag	♈		
12 Freitag	♉		
13 Samstag	♉		
14 Sonntag	♊		

MÄRZ 2027

15 Montag ◐ ♊ Blüten-Tag			
16 Dienstag ◐ ♊ Blüten-Tag			
17 Mittwoch ◐ ♋ Blatt-Tag		Gertrude nützt dem Gärtner fein, wenn sie kommt mit Sonnenschein.	
18 Donnerstag ◐ ♋ Blatt-Tag			
19 Freitag ◐ ♌ Frucht-Tag			
20 Samstag ◐ ♌ Frucht-Tag		Wie sich die Sonne zum Frühling wendet, so auch unser Sommer endet.	
21 Sonntag ◐ ♍ Wurzel-Tag			

Wurzel-Tag Blatt-Tag Blüten-Tag Frucht-Tag △ Kompost-Tag

MÄRZ 2027

22 Montag			
23 Dienstag		Weht kalter Wind am Ottotag, das Wild noch vier Wochen Eicheln mag.	
24 Mittwoch			
25 Donnerstag			
26 Freitag			
27 Samstag			
28 Sonntag	Ostersonntag		

MÄRZ 2027

29 Montag	Ostermontag		
30 Dienstag		Wie der 30. März, so der Sommer.	
31 Mittwoch			
01 Donnerstag			
02 Freitag			
03 Samstag			
04 Sonntag			

Wurzel-Tag Blatt-Tag Blüten-Tag Frucht-Tag Kompost-Tag

NOTIZEN

DIE GARTENKOLUMNE

EIN JAHR, WIE FRÜHER …

„Ist Ostern spät, ist auch das Jahr spät", so hat es eine Gartenfreundin auf den Punkt gebracht. Allerdings sind wir oft nur im Vergleich zu den letzten, extrem frühen Jahren um gut zwei bis drei Wochen hinten. Doch wenige, fast sommerliche Tage lösen den Turbo beim Wachstum im zeitigen Frühling aus; was fast immer fehlt, ist der Niederschlag.
Wird Regen vorhergesagt, dann sollte man nun mit der Rasenpflege beginnen – nicht mit dem Vertikutieren, das erfolgt erst in ein paar Wochen. Jetzt wird gedüngt! Mit Biodünger, das belebt den Boden. Nach dem ersten oder zweiten Mähen wird vertikutiert, dann Quarzsand und fein gesiebter Kompost gestreut und eventuell nachgesät. So baut sich langsam eine Humusschicht auf, die ein kräftiges Wachstum und eine Hitzefestigkeit garantiert.
Noch ist beste Pflanzzeit für alle Beerensträucher. Im Gemüsegarten können Salate gesetzt werden. Tomaten, Gurken, Kürbisse müssen noch warten – es ist in den Nächten noch viel zu kalt. Viele Kübelpflanzen kommen ins Freie. Bei Zitrusgewächsen sollte man aber unbedingt vorsichtig sein. Eine Frostnacht kann großen Schaden anrichten.

WICHTIGE GARTENARBEITEN im März

ZIERGARTEN

- ○ Schneiden Sie Stauden vorsichtig bodennah zurück, damit sich frische Triebe ungehindert entwickeln können.
- ○ Düngen Sie den Rasen mit Biodüngern. Vertikutiert wird nach dem zweiten Mähen, dann entfernen Sie auch Moos und abgestorbene Pflanzenteile.
- ○ Eine erste Düngung bringt den Rasen wieder in Schwung.
- ○ Frühblüher sorgen jetzt für Farbe – achten Sie auf eine ausreichende Wasserversorgung.
- ○ Lockern Sie den Boden in Beeten und entfernen Sie Unkraut frühzeitig.
- ○ Gehölzpflanzungen sind jetzt gut möglich, solange der Boden nicht gefroren ist.

OBSTGARTEN

- ○ Beenden Sie Winterschnittmaßnahmen rechtzeitig vor dem Austrieb, um die Vitalität der Bäume nicht zu beeinträchtigen.
- ○ Beobachten Sie die Knospenentwicklung genau, denn je nach Witterung kann der Austrieb sehr rasch einsetzen.
- ○ Erste, maßvolle Düngergaben unterstützen das Wachstum und stärken die Widerstandskraft der Gehölze.
- ○ Lockern Sie die Baumscheiben sorgfältig und halten Sie sie unkrautfrei, damit Nährstoffe und Wasser optimal aufgenommen werden können.
- ○ Achten Sie auf erste Anzeichen von Krankheiten oder Schädlingsbefall.

GEMÜSEGARTEN

- ○ Jetzt beginnt die Direktsaat im Freiland: Spinat, Radieschen und Karotten können in gut vorbereitete Beete gesät werden.
- ○ Lockern Sie den Boden gründlich und sorgen Sie für eine feinkrümelige Struktur, damit die Saat optimal keimen kann.
- ○ Frühkartoffeln können gelegt werden, sofern der Boden ausreichend abgetrocknet und erwärmt ist.
- ○ Schützen Sie empfindliche Kulturen mit Vlies, um Temperaturschwankungen auszugleichen und das Wachstum zu fördern.
- ○ Achten Sie auf eine sorgfältige Beschriftung Ihrer Aussaaten.

ZIMMERGARTEN

- ○ Verwenden Sie bei Topfpflanzen frische, strukturstabile Erde, um die Nährstoffversorgung nachhaltig zu verbessern.
- ○ Duschen Sie die Pflanzen gelegentlich ab oder wischen Sie die Blätter vorsichtig ab, damit sie mehr Licht aufnehmen können.
- ○ Der Lichtbedarf Ihrer Pflanzen steigt jetzt deutlich – prüfen Sie daher die Standorte und rücken Sie lichtliebende Arten näher ans Fenster. Gewöhnen Sie sie langsam an das intensivere Sonnenlicht, um „Sonnenbrand" zu verhindern.
- ○ Beginnen Sie mit regelmäßiger Düngung, um das einsetzende Wachstum gezielt zu unterstützen.

WINTER-VITAMINPFLANZE im Porträt

Foto © Aleksandr Naumenko/Shutterstock.com

Schnittknoblauch (*Allium tuberosum*)

Schnittknoblauch ist eine vielseitige und robuste Würzpflanze, die im Frühjahr zu den ersten frischen Erntekulturen zählt. Ursprünglich aus Ostasien stammend, hat er sich auch in Mitteleuropa als langlebige und pflegeleichte Gartenpflanze etabliert und treibt oft schon früh im Jahr wieder aus.
Für Selbstversorger ist Schnittknoblauch interessant, weil er mehrjährig ist und über viele Jahre hinweg zuverlässig frische Blätter liefert. Bereits im zeitigen Frühjahr stehen die ersten aromatischen Triebe zur Verfügung, lange bevor viele andere Kräuter nutzbar sind. Die Blätter enthalten wertvolle Inhaltsstoffe und bringen eine milde, knoblauchartige Würze in die Küche.

Der Anbau ist unkompliziert. Schnittknoblauch bevorzugt sonnige bis halbschattige Standorte und einen lockeren, nährstoffreichen Boden. Einmal etabliert, erweist sich die Pflanze als robust, winterhart und treibt nach jedem Schnitt zuverlässig wieder nach. Auch in Töpfen oder Balkonkästen lässt er sich gut kultivieren.

Die jungen Blätter werden regelmäßig mit der Schere geschnitten, wodurch der Neuaustrieb gefördert wird. Im Sommer erscheinen dekorative, weiße Blüten, die ebenfalls essbar sind und Insekten anziehen. So verbindet die Pflanze Nutzung und ökologische Funktion im Garten.
Schnittknoblauch ist milder als klassischer Knoblauch und vielseitig verwendbar. Er passt zu Aufstrichen, Salaten, Eierspeisen oder als Würze über warme Gerichte. Auch fein geschnitten über Kartoffelgerichte gestreut bringt er eine dezente, aromatische Note.

INDOOR-GÄRTNERN & FENSTERBANK

Foto © Geshas/Shutterstock.com

Pflücksalate auf der Fensterbank

Pflücksalate lassen sich auch ohne Garten einfach kultivieren und liefern innerhalb weniger Wochen frisches Blattgemüse. In flachen Schalen oder Töpfen ausgesät, entwickeln sich rasch dichte Bestände, die regelmäßig geschnitten werden können.

Für den Anbau eignen sich schnellwachsende Mischungen aus verschiedenen Blattsalaten oder Rucola. Ein heller Standort ist entscheidend, damit die Pflanzen kompakt bleiben und nicht vergeilen. Gleichmäßige Feuchtigkeit unterstützt das Wachstum, Staunässe sollte vermieden werden.
Die Aussaat erfolgt breitwürfig auf lockeres Substrat und wird nur leicht angedrückt. Bereits nach kurzer Zeit zeigen sich die ersten Keimlinge. Eine eher dichte Aussaat führt zu zarten, feinen Blättern, während bei größerem Abstand kräftigere Einzelpflanzen entstehen.
Geschnitten wird, sobald die Blätter eine ausreichende Größe erreicht haben. Dabei sollten die Pflanzen nicht zu tief abgeschnitten werden, damit der Vegetationspunkt erhalten bleibt. So treiben die Bestände zuverlässig erneut aus und können mehrmals genutzt werden.
Regelmäßiger Schnitt hält die Pflanzen jung und sorgt für gleichmäßigen Nachwuchs. Mit zunehmender Tageslänge verbessert sich das Wachstum deutlich, sodass die Kulturen im Frühjahr rasch dichter werden und mehr Ertrag liefern.

Schnittsalate bringen frisches Blattgemüse direkt in die Küche und ergänzen die Winter- und Frühjahrszeit um eine unkomplizierte Möglichkeit der Selbstversorgung auf kleinem Raum.

JETZT IST PRIMELZEIT

Die frostigen Wintertage haben die Lust auf Frühling so richtig gesteigert. Eine ganz wichtige Zutat dafür sind die Frühlingboten. Die wichtigsten sind die Primeln. Was der Weihnachtsstern im Dezember ist, das ist nun schon seit vielen Jahren die Primel. Geschätzte drei Millionen Primeln werden in diesen Tagen allein in Österreich verkauft.

Die kleinen Frühlingsboten gehen auch mit der Mode: Rosa und kräftiges Pink waren vor zehn Jahren unverkäuflich, allmählich erobern sie sich aber Spitzenplätze. Und es sind die vielen neuen Sorten, die mit attraktiveren Blüten, die auch ein wenig länger in den warmen Wohnungen halten, für Primellust sorgen. Die Primel, die jetzt in den Töpfen angeboten werden, sind eine vom Menschen geschaffene Pracht – aus Hunderten Sorten und vor allem aus den beiden Arten Primula vulgaris und Primula acaulis haben Züchter die vielen Farben und Blütenformen gezüchtet.

Und das lieben alle Primeln: Ein Platzerl im kühlen Wohnraum, ein heller Wintergarten, oder eine Fensterbank im Vorhaus – da fühlen sich die Frühlingsboten wohl und blühen oft drei, vier Wochen lang. Im warmen Zimmer ist die Haltbarkeit dagegen „wie ein Blumenstrauß – etwa zwei Wochen", sagt einer der großen Züchter, Ebbing-Lohaus aus Deutschland, und verrät noch ein Geheimnis: „Blaue und rote Primeln lassen sich nach dem Abblühen an frostfreien Tagen im Garten pflanzen und überleben meist auch den Winter." In den „Adern" dieser Primeln fließt Blut von Vorfahren, die winterhart waren.

Im Trend: Duftprimeln

Gelbe Primeln gehören dagegen zu den Favoriten (auch wenn sie kaum im Garten überleben) – sie duften zart nach Frühling. Und genau auf diese Duftprimeln setzt man nun – eine ganze Serie an neuen, besonders robusten Duftprimeln wurde nun

Becherprimel gibt es in Farbvarianten von weiß, violett, lila, rosa, pink bis dunkelrot. Foto © Esin Deniz/Shutterstock

Eine Auswahl neuer und altbewährter Primel-Sorten. Fotos © meister.photos

gezüchtet und verwöhnt Auge und Nase. Der Hit der Züchter ist derzeit die Sorte 'Scentation'. Sie verströmt einen Duft, der an unsere Schlüsselblumen erinnert. Besonders intensiv wird dieser Geruch, wenn die Sonne scheint.

In der großen Vielzahl der Primeln tauchen nun auch vermehrt die Becherprimeln (*Primula obconica*) auf. Sie machten früher Allergikern Probleme, doch neue Züchtungen enthalten in den Blättern keine Allergie auslösenden Stoffe mehr. Es gibt sie in vielen Farben.
Im Garten übrigens zeigen sich bald die ersten Primeln, dann folgen am Teichrand die Japanischen Primeln und vor allem meine Lieblinge – die Schlüsselblumen. Die Primel ist der Schlüssel zum Gartenglück – auch 2027. Nicht umsonst bedeutet „Primula" – die Erste.

Und wer den Primeln im Haus ein wenig Aufmerksamkeit schenkt, wird lange Freude an ihnen haben. Wichtig ist vor allem das richtige Gießen: Die Erde sollte immer leicht feucht sein, Staunässe vertragen die Pflanzen aber gar nicht. Am besten gießt man von unten in den Untersetzer – so bleiben die Blüten trocken und halten länger. Verblühtes wird regelmäßig ausgezupft, das regt die Pflanze an, neue Knospen zu bilden.

Nach der Blüte ist für viele Primeln noch lange nicht Schluss. An frostfreien Tagen können sie in den Garten übersiedeln – am besten an einen halbschattigen Platz mit humoser, lockerer Erde. Dort wachsen sie weiter und zeigen im nächsten Frühjahr oft wieder ihre Blüten. Besonders schön wirken Primeln, wenn sie in kleinen Gruppen gepflanzt werden – so entstehen richtige Farbtupfer im noch wintermüden Garten.
Noch ein Tipp für alle, die es natürlich mögen: Viele Primeln eignen sich auch wunderbar für naturnahe Pflanzungen. Sie sind frühe Nahrungsquellen für Bienen und andere Insekten, die an warmen Wintertagen bereits unterwegs sind. So verbindet sich die Freude an den ersten Blüten mit einem kleinen Beitrag zur Förderung der Artenvielfalt.
Primeln sind eben mehr als nur ein schneller Farbtupfer für die Wohnung. Sie sind ein Versprechen: Dass der Winter langsam weicht, dass das Leben zurückkehrt – und dass die Gartensaison wieder beginnt.

Bei *Primula polyantha* sitzen die Blütendolden auf Stielen - ähnlich der Schlüsselblume. Foto © Moskwa/Shutterstock

REZEPT des Monats

SPINATNOCKERL

Zutaten

500 g griffiges Mehl
225 g passierten Spinat
3 Eier
200 ml Milch
40 g weiche Butter
Salz, Pfeffer
Butter zum Schwenken
Speck- oder Schinkenwürferl

Zubereitung

Alle Zutaten zu einem glatten Teig verrühren, diesen mit einer Teigkarte durch ein Nockerlsieb in einen großen Topf mit kochendem Salzwasser drücken und ca. 5 Minuten köcheln lassen. Anschließend das Wasser abgießen und die Nockerl kalt abschrecken. Kurz in etwas heißer Butter schwenken. Vor dem Servieren mit gerösteten Speck- oder Schinkenwürferl vermischen.

BUCHTIPP des Monats

Tomaten sind mehr als rot und rund: Über 30.000 Sorten zeigen eine einzigartige Vielfalt an Farben, Formen und Aromen. Der „Tomatenflüsterer" Thomas Seidl präsentiert aus seiner Sammlung von über 3.000 Sorten die außergewöhnlichsten Exemplare, erzählt ihre Geschichten und gibt praktische Anbautipps für Garten und Balkon. Ein inspirierendes Buch für alle, die Sortenvielfalt, nachhaltigen Genuss und die faszinierende Welt der Tomaten entdecken wollen.

Der Tomatenflüsterer

Eine Liebeserklärung an den Paradiesapfel – 120 Sorten in kunterbunten Farben und verrückten Formen
Thomas Seidl
160 Seiten
AvBUCH
ISBN 978-3-99183-068-9
€ 27, 99

FRAGEN UND ANTWORTEN rund ums Garteln

Mein Oleander steht seit ein paar Tagen im Freien. Doch die Blätter sind total braun und völlig ausgetrocknet. Was tun?
Die Pflanze wurde zu wenig (oder auch zu viel) gegossen. Jetzt gießen oder, falls er zu nass war, abtrocknen lassen. Ein paar Tage warten, und wenn er noch austreibt, kräftig zurückschneiden.

Wann schneidet man Strauchrosen?
Wenn die Forsythie blüht, also jetzt. Nur das alte Holz und die schwachen Triebe herausschneiden. Strauchrosen blühen meist am vorjährigen Holz. Zu lange Äste kann man aber natürlich einkürzen.

Der Boden im Glashaus ist wie Beton! Hilft da Sand?
Zunächst heißt es, den Boden kräftig wässern. Dann einen Tag warten und tiefgründig umstechen. Jetzt kann man Sand einarbeiten. Gleichzeitig aber auch reifen (fertigen) Kompost untermischen. Falls nicht vorhanden, dann torffreie Bioerde nehmen. Organischen Dünger oberflächlich einarbeiten.

Foto © Christoph Bühler

Noch mehr Antworten auf die wichtigsten Gartenfragen finden Sie in dem Buch ***365 Gartenfragen und Antworten für intelligente Faule (CADMOS/avBuch Verlag)*** *und in der Zeitschrift Garten + Haus, www.garten-haus.at.*

Foto © Rena_R/Shutterstock.com

APRIL 2027

29 Montag			
30 Dienstag			
31 Mittwoch			
01 Donnerstag		Den 1. April musst du gut überstehn, dann kann dir nichts Böses mehr geschehn.	
02 Freitag			
03 Samstag		Wer an Christian säet Lein, bringt schönen Flachs in seinen Schrein.	
04 Sonntag			

Wurzel-Tag Blatt-Tag Blüten-Tag Frucht-Tag Kompost-Tag

APRIL 2027

05 Montag			
06 Dienstag			
07 Mittwoch			
08 Donnerstag		Wenn es viel regnet um den Amantiustag, ein durrer Sommer folgen mag.	
09 Freitag			
10 Samstag			
11 Sonntag			

APRIL 2027

12 Montag			
13 Dienstag			
14 Mittwoch			
15 Donnerstag		Am 15. April der Kuckuck rufen soll, und müsste er rufen aus einem Baum, der hohl.	
16 Freitag			
17 Samstag			
18 Sonntag			

Wurzel-Tag Blatt-Tag Blüten-Tag Frucht-Tag △ Kompost-Tag

19 Montag			
20 Dienstag			
21 Mittwoch			
22 Donnerstag		Gewitter vorm Georgiustag (23. April), folgt gewiss noch Kälte nach.	
23 Freitag			
24 Samstag			
25 Sonntag			

APRIL 2027

26 Montag ♑			
27 Dienstag ♑			
28 Mittwoch ♑			
29 Donnerstag ♒			
30 Freitag ♒			
01 Samstag ♓			
02 Sonntag ♓			

Wurzel-Tag Blatt-Tag Blüten-Tag Frucht-Tag Kompost-Tag

NOTIZEN

DIE GARTENKOLUMNE

ER IST DA! DER FRÜHLING!

Ein paar Tage mit T-Shirt-Wetter reichen für uns Gartenliebhaber und schon ist alles „im grünen Bereich". Wenn man durch den Garten geht und in allen Beeten die vielen Zwiebelblumen aus der Erde quellen, wenn die Vögel schon vor Sonnenaufgang zum Aufstehen pfeifen und wenn sich die Parkplätze der Gärtnereien und Gartencenter wieder füllen – dann ist eines gewiss: Es geht los!

Vergessen sind in diesen Momenten all die guten Vorsätze, weniger zu kaufen, weniger zu pflanzen und den Garten „kleiner" zu machen.

Da ein paar Stauden, dort ein paar Schalen mit Frühlingsblühern und – nicht zu vergessen – Kräuter und Gemüse für die halbe Siedlung.

Ich behaupte ja, dass Gärtnereien unters Drogengesetz fallen müssten, die Sucht ist einfach unbeherrschbar. Man kommt durch die Tür, und wie bei einer Gehirnwäsche ist alles vergessen, was daheim im Garten noch gegolten hat. Anstelle der paar Kräuter, die man eigentlich für ein Vitaminkisterl auf der Fensterbank kaufen wollte, ist ein ganzer Kofferraum voll geworden. Meine Frau schüttelt meist nur den Kopf – ich argumentiere (erfolglos), es sei notwendig und im Übrigen „gerade eine Aktion gewesen". Das Motto dieser Aktion nenne ich nicht: Kaufe viel, zahle mehr ...

Doch wenn all die Blumen und Kräuter am Platz sind, wenn alles in saftigem Grün und in bunten Frühlingsfarben den Garten erfüllt, dann ist die Welt in Ordnung. Dann ist Frühling!

Und auf den haben wir ja gefühlt ein halbes Jahr gewartet!

Fotos © Christoph Bohler, Selection Jonathon/Shutterstock.com

WICHTIGE GARTENARBEITEN im April

ZIERGARTEN

- ○ Säen Sie Sommerblumen wie Ringelblumen, Cosmea oder Zinnien direkt ins Freiland oder ziehen Sie sie im Haus vor.
- ○ Teilen Sie Stauden wie Hosta oder Herbstastern, um sie zu verjüngen und gleichzeitig zu vermehren.
- ○ Der Rasen kann jetzt nachgesät und erstmals intensiver gedüngt werden, um Lücken zu schließen.
- ○ Entfernen Sie Unkraut regelmäßig, solange es noch klein ist und sich leicht ausziehen lässt.
- ○ Lockern Sie den Boden in Beeten und arbeiten Sie bei Bedarf Kompost ein.

OBSTGARTEN

- ○ Während der Blütezeit von Apfel, Birne oder Kirsche ist ein Schutz vor Spätfrost besonders wichtig, etwa durch Vlies.
- ○ Düngen Sie Obstgehölze gezielt, um Blüte und Fruchtansatz zu unterstützen.
- ○ Pflegen Sie Baumscheiben und halten Sie sie unkrautfrei.
- ○ Erste Pflanzenschutzmaßnahmen können notwendig werden, etwa gegen Pilzkrankheiten.
- ○ Kontrollieren Sie regelmäßig den Gesundheitszustand Ihrer Bäume.
- ○ Achten Sie auf gleichmäßige Wasserversorgung, besonders bei sandigen Böden.

GEMÜSEGARTEN

- ○ Die Hauptaussaat beginnt: Karotten, Spinat, Erbsen oder Rote Rüben können jetzt direkt ins Beet gesät werden.
- ○ Pflanzen Sie vorgezogene Kulturen wie Salat, Kohlrabi oder Frühlingszwiebeln ins Beet und achten Sie darauf, sie gut anzugießen, damit sie rasch anwachsen.
- ○ Halten Sie den Boden gleichmäßig feucht, besonders während der Keimphase.
- ○ Schnecken werden jetzt aktiv – kontrollieren Sie besonders junge Pflanzen regelmäßig und schützen Sie gefährdete Kulturen wie Salat gezielt.
- ○ Arbeiten Sie gut verrotteten Kompost in den Boden ein, um die Nährstoffversorgung langfristig zu sichern.

ZIMMERGARTEN

- ○ Umtopfarbeiten sollten jetzt abgeschlossen werden – verwenden Sie dabei frische, strukturstabile Erde, um die Wurzelentwicklung zu fördern.
- ○ Erhöhen Sie die Wassergaben schrittweise, da mit steigenden Temperaturen auch der Wasserbedarf deutlich zunimmt – Staunässe sollte dennoch vermieden werden.
- ○ Gewöhnen Sie Pflanzen wie Oleander, Zitruspflanzen oder überwinterte Pelargonien langsam an das Freie, indem Sie sie zunächst nur stundenweise ins Freie stellen und vor direkter Sonne schützen.
- ○ Sorgen Sie für gute Luftzirkulation, vermeiden Sie jedoch kalte Zugluft, die besonders empfindliche Arten schädigen kann.

ROSEN-BEGLEITER im Porträt

Foto © Manfred Ruckszio/Shutterstock.com

Frauenmantel (*Alchemilla mollis*)

Frauenmantel zählt zu den bewährtesten Begleitpflanzen für Rosen und überzeugt durch seine ruhige, verbindende Wirkung im Beet. Die weich behaarten, rundlichen Blätter fangen Tau- und Regentropfen auf und setzen damit auch an trüben Tagen feine Akzente.
Ab Frühsommer erscheinen lockere, gelbgrüne Blütenstände, die wie ein zarter Schleier zwischen den Rosen liegen.

Für die Pflanzung eignet sich Frauenmantel als flächige Unterpflanzung oder als lockere Einfassung.
Er nimmt den Rosen optisch die Strenge und verbindet unterschiedliche Farben zu einem stimmigen Gesamtbild. Gleichzeitig deckt er den Boden, hält Feuchtigkeit im Wurzelbereich und unterdrückt unerwünschten Aufwuchs.

Der Standort sollte sonnig bis halbschattig sein, mit einem lockeren, nährstoffreichen Boden. Kurzzeitige Trockenheit wird toleriert, gleichmäßige Feuchtigkeit fördert jedoch einen dichten Wuchs. Nach der Blüte kann ein Rückschnitt erfolgen, der oft einen frischen Austrieb und eine zweite, schwächere Blüte anregt.

Die verschiedenen Sorten von *Alchemilla* wirken unaufdringlich und sind gerade deshalb so wertvoll: Er lässt die Rosen stärker zur Geltung kommen. Frauenmantel lässt sich gut mit anderen Stauden kombinieren und wirkt besonders harmonisch in naturnahen Pflanzungen. Auch in größeren Gruppen gepflanzt, bleibt er stabil und pflegeleicht und entwickelt mit der Zeit dichte Bestände, die den Charakter eines eingewachsenen Gartens unterstreichen.

ENGLISCHE ROSE im Porträt

Foto © David Austin Roses

Desdemona™ (Auskindling)

Desdemona™ besitzt eine ruhige, klare Ausstrahlung. Die Knospen zeigen zunächst einen zarten Pfirsichton, bevor sie sich zu leuchtend weißen Blüten öffnen. Die fein geschichteten Blütenblätter bilden eine harmonische Rosette, die im Garten eine helle, fast schwebende Wirkung entfaltet.
Die Blüten erscheinen in reicher Folge vom Frühsommer an und begleiten das Beet über viele Wochen hinweg. Durch ihre gleichmäßige Nachblüte bleibt die Pflanze lange attraktiv und bringt Kontinuität in die Pflanzung.

Der Duft ist ausgeprägt und vielschichtig. Klassische Altrosennoten verbinden sich mit frischen, leicht kühlen Nuancen und verleihen der Sorte eine eigenständige, gut wahrnehmbare Duftwirkung.

Der Strauch wächst buschig und ausgewogen mit gesundem, dunkelgrünem Laub und erreicht etwa 1, 2 m Höhe. Dadurch eignet sich Desdemona™ gut für mittlere Beetbereiche oder für Standorte in Sitzplatznähe, wo Blütenform und Duft zur Geltung kommen.

Ein sonniger, luftiger Standort mit nährstoffreichem, gut durchlässigem Boden fördert Blühfreude und Blattgesundheit. Die Sorte zeigt sich stabil im Wuchs und lässt sich gut in bestehende Pflanzungen integrieren, ohne dominant zu wirken. Ihre helle Blütenfarbe bringt Ruhe ins Beet und setzt gezielte Lichtpunkte zwischen kräftigeren Farbtönen.
In Kombination mit zurückhaltenden Begleitpflanzen entsteht ein ausgewogenes Gesamtbild, das über die gesamte Saison hinweg trägt.

Ein „Moonlight-Garden" lebt von weißen Blüten und kommt mit wenigen gezielten Lichtquellen aus. Foto © Alphoto-images

WENN ES NACHT WIRD IM GARTEN ...

Wer tagsüber arbeitet, kennt das: Der Garten wartet – und wenn endlich Zeit bleibt, senkt sich bereits die Dämmerung. Doch genau darin liegt eine große Chance. Ein bewusst gestalteter „Moonlight-Garden" verwandelt den Garten in eine zweite, stille Bühne: sanfter, duftender, fast magisch. Weiß blühende Pflanzen beginnen zu leuchten, Düfte werden intensiver, und die Geräusche der Natur treten in den Vordergrund. Mit der richtigen Auswahl an Pflanzen und einer sehr zurückhaltenden Beleuchtung entsteht ein Garten, der gerade in den Abendstunden seine größte Wirkung entfaltet.

Weiß als Lichtfänger – Pflanzen, die den Abend zum Leuchten bringen

Helle Blüten sind der Schlüssel zum Moonlight-Garden. Weiß reflektiert das spärliche Licht von Mond und Sternen besonders gut und sorgt dafür, dass Beete auch bei wenig Helligkeit sichtbar bleiben. Klassiker sind etwa weiße Rosen wie 'Schneewittchen' oder 'Aspirin', die mit ihrer langen Blütezeit verlässlich Akzente setzen oder auch Desdemona™. Ebenso wirkungsvoll sind Stauden wie der weiße Gartenphlox (*Phlox paniculata*), der besonders in warmen Sommernächten zusätzlich Duft verströmt, oder die elegante Herbst-Anemone (*Anemone hupehensis* 'Honorine Jobert'), die bis weit in den Herbst hinein für helle Lichtpunkte sorgt.

Weiße Lilien und Falscher Jasmin (*Philadelphus*) bringen nicht nur Helligkeit, sondern auch einen intensiven, oft überraschend weit tragenden Duft. Wer es etwas natürlicher mag, kann mit Margeriten, weißen Glockenblumen oder Schleierkraut arbeiten – sie wirken besonders schön in locker bepflanzten, leicht bewegten Beeten.

Duft als Gestaltungselement – der Garten für die Sinne

Während Farben im Dunkeln verblassen, gewinnt der Duft an Bedeutung. Viele Pflanzen haben sich darauf spezialisiert, ihre Blüten erst in den Abendstunden für nachtaktive Bestäuber zu öffnen – und genau das macht sie für uns so wertvoll. Besonders empfehlenswert sind:

- Weiße Nachtviole (*Hesperis matronalis*) – zart und intensiv zugleich
- Geißblatt (*Lonicera periclymenum*) – ein Klassiker für Pergolen und Zäune
- Duft-Nelken (*Dianthus*) – kompakt und überraschend stark im Aroma
- Levkojen (Matthiola incana) – ideal für Beete in Sitzplatznähe

Wichtig ist die Platzierung: Duftpflanzen gehören immer dorthin, wo man sich aufhält – entlang von Wegen, nahe der Terrasse oder rund um Sitzplätze. So entsteht ein Garten, der nicht nur gesehen, sondern erlebt wird.

Struktur statt Farbe – Orientierung im Halbdunkel

Ein Moonlight-Garden lebt nicht allein von Blüten. Ebenso entscheidend sind klare Strukturen. Helle Wege, Kiesflächen oder Natursteinplatten reflektieren das vorhandene Licht und geben Orientierung. Gräser, die sich im Abendwind bewegen, oder Gehölze mit heller Rinde – wie etwa die Birke – setzen zusätzliche Akzente.Auch Blattschmuckpflanzen mit silbrigen oder graugrünen Tönen sind ideal: Lavendel, Wollziest (*Stachys byzantina*) oder Heiligenkraut (*Santolina*) wirken selbst ohne Blüten als Lichtfänger und bringen Ruhe ins Gesamtbild.

Licht mit Maß – Sicherheit ja, Inszenierung nein

So verlockend künstliche Beleuchtung ist: Im Moonlight-Garden sollte sie immer eine Nebenrolle spielen. Ziel ist nicht, den Garten auszuleuchten, sondern Orientierung zu geben und einzelne Bereiche sanft zu betonen. Sinnvoll sind:

- Niedrige, warmweiße LED-Leuchten entlang von Wegen
- Dezent beleuchtete Stufen für mehr Sicherheit
- Gezielte Spots auf einzelne Pflanzen oder Strukturen

Wichtig dabei: warmes Licht (unter 3000 Kelvin), abgeschirmte Leuchten und eine klare Ausrichtung nach unten. So wird Streulicht vermieden, das Insekten irritiert und den Blick auf den Sternenhimmel stört. Bewegungsmelder können zusätzlich helfen, Licht nur dann einzusetzen, wenn es wirklich gebraucht wird.

Tipp: Weniger ist mehr

Ein einzelner beleuchteter Baum oder eine sanft markierte Wegkante wirkt oft stärker als ein vollständig ausgeleuchteter Garten. Ziel ist eine Atmosphäre – kein Flutlicht.

Der Garten als Abendort – kleine Räume schaffen

Ein Moonlight-Garden funktioniert besonders gut, wenn er in „Abendräume" gegliedert ist: ein Sitzplatz unter einer Pergola, eine kleine Bank am Duftbeet oder ein geschützter Platz zwischen Sträuchern. Diese Orte laden dazu ein, den Tag bewusst ausklingen zu lassen. Materialien spielen dabei eine große Rolle: Holz, Naturstein und helle Textilien verstärken die ruhige, warme Stimmung. Wasser – etwa in Form eines kleinen Beckens oder Brunnens – bringt zusätzlich Bewegung und ein leises, beruhigendes Geräusch.

Ganzjährig denken – auch im Winter wirkt der Mond

Ein durchdachter Moonlight-Garden endet nicht im Herbst. Immergrüne Gehölze, strukturgebende Hecken und Gräser sorgen auch im Winter für Form. Raureif, Schnee und Mondlicht verwandeln den Garten dann in eine fast grafische Landschaft. Besonders schön wirken:

- Immergrüne Formen wie Buchs-Alternativen oder Eiben
- Ziergräser mit stabilen Halmen
- Gehölze mit heller oder interessanter Rinde

Gerade in klaren Winternächten zeigt sich: Der Garten braucht nicht viel Licht – er braucht die richtigen Elemente.

SO WIRD GESÄT!

Kein Frühjahr ohne die kleinen Pflanzen auf der Fensterbank. Die wird in den nächsten Wochen wieder zur Kinderstube für all das, was uns im heurigen Sommer auf Balkon und Terrasse „blüht". Damit das gelingt, heißt es Grundlagen zu beachten.

7 Tipps, damit die „Pflanzenkinder" keine Sorgen machen

1. Die richtige Aussaaterde kauft man entweder fertig aus der Packung oder stellt sie selbst her. Folgende Erdmischung hat sich am besten bewährt: Etwas Maulwurferde (im Frühjahr bei einem Sonntagsausflug leicht zu sammeln), gut abgelagerten, gesiebten Kompost, etwas Anzuchterde aus der Packung und Quarzsand.

2. Der hellste Platz auf der Fensterbank ist der beste. Damit die Erde nicht zu kalt wird, Dämmplatten oder vier Joghurtbecher als „Säulen" unterstellen. Schalen immer mit Glasplatte abdecken. Oder man verwendet am besten gleich die kleinen Zimmergewächshäuser. Sie gibt es sogar mit preiswerter und energiesparender Bodenheizung.

Auch Paradeiser fangen klein an. Foto © krolya25/Shutterstock

3. Gesät wird dünn. Immer beachten, dass manche Samen Lichtkeimer sind, wie zum Beispiel Basilikum. Würde man sie abdecken, gingen meist 50 % der Samen nicht auf. Nach dem Säen angießen und ab nun täglich die Schalen lüften und dosiert gießen, falls nötig.

4. Damit Pilzkrankheiten zurückgehalten werden, am besten mit Schachtelhalmtee und Mikroorganismen gießen. Das verhindert Krankheiten, wie Grauschimmel, sehr gut. Zinnkrauttee kann man selbst herstellen. 300 g auf 1 Liter Wasser, 24 Stunden ziehen lassen, dann eine 3/4 Stunde köcheln, abkühlen lassen und etwa 1 : 5 verdünnt zum Gießen verwenden.

5. Rechtzeitig pikieren, also auseinandersetzen, wenn das Saatgut nicht gleich in kleine Töpfe (Quelltöpfe) gesät wurde. Ansonsten müssen nach zwei bis drei Wochen die Pflanzen in größere Töpfe gesät werden. Als Pikierwerkzeug ist ein spitzer Bleistift ideal. Damit Wurzeln lockern und in den neuen Topf setzen, Erde nur leicht andrücken.

6. An sonnigen Tagen die Pflanzen abhärten. Das heißt immer wieder ins Freie stellen. Zunächst mit dünnem Vlies abgedeckt, damit die zarten Keime nicht verbrennen, später in die volle Sonne. So wachsen die Pflanzen kompakt.

7. Die kleinen Pflänzchen nur sehr sparsam düngen. Das gilt in den ersten Wochen nach der Aussaat ganz besonders. Ab dem Umtopfen in größere Gefäße dann aber wöchentlich mit Nährstoffen versorgen.

REZEPT des Monats

KRÄUTERSUPPE

Zutaten

30 g Mehl
30 g Butter
1 kl. Zwiebel
2 EL Weißwein
¾ l Gemüsebrühe
1 Handvoll Kräuter (Schnittlauch, Petersilie, Bärlauch, junge Brennnessel)
Kräutersalz, Pfeffer
Geriebene Muskatnuss
3 EL Schlagobers

Zubereitung

Die Zwiebel fein hacken und in Butter leicht anschwitzen. Mit Mehl stauben und mit Weißwein ablöschen. Mit der Gemüsebrühe aufgießen und die Hälfte der Kräuter dazugeben. Die Suppe ca. 5 Minuten köcheln lassen. Anschließend mit Salz, Pfeffer und Muskatnuss abschmecken und die restlichen Kräuter sowie das Schlagobers dazurühren. Vor dem Servieren mit einem Mixstab schaumig aufschlagen.

BUCHTIPP des Monats

Garten fit - Körper fit verbindet Gartenarbeit mit Gesundheitsförderung. Die Autoren zeigen, wie Bewegung, Ernährung und Achtsamkeit im Garten und im Alltag Hand in Hand gehen. Mit praktischen Tipps, Übungen und Rezepten liefert das Buch einen ganzheitlichen Ansatz für mehr Wohlbefinden – das ganze Jahr über. Ideal für alle, die Körper und Garten nachhaltig in Schwung bringen wollen.

Garten fit - Körper fit

5 Schritte zum blühenden Garten und zu einem strahlenden Menschen
Karl Ploberger, Toni Klein
96 Seiten
avBUCH Verlag
ISBN 978-3-8404-7592-4
€ 19, 99

FRAGEN UND ANTWORTEN rund ums Garteln

Foto © Christoph Böhler

Bei mir müssen im Garten wegen Bauarbeiten im Sommer zwei alte Rosen (10 Jahre und mehr) und eine große (rosarote) Hortensie umgepflanzt werden. Soll ich warten oder jetzt umpflanzen?
Unbedingt jetzt im Frühjhr umpflanzen und alle Pflanzen ganz kräftig zurückschneiden. Rosen auf ca. 30–40 cm und Hortensien ebenfalls um gut zwei Drittel einkürzen. Rosen nach dem Pflanzen anhäufeln (wie im Herbst) und erst nach dem Austreiben (Überlebenschance 50 : 50) die Erde verteilen. Hortensie in saures Substrat pflanzen und damit rechnen, dass es heuer keine Blüte gibt.

Im ganzen Garten gehen bei mir kleine Blätter auf, später gibt's gelbe Blüten. Wenn man die Pflanzen ausgräbt, findet man kleine Knöllchen an den Wurzeln. Was ist das?
Es ist das Scharbockskraut. Ein extrem Vitamin-C-haltiges Wildkraut, das früher zur Behandlung von Skorbut (daher der Name) verwendet wurde. Bis zum Blühbeginn kann man die Blätter in Frühlingssalate mischen, später sollte man es nicht mehr verwenden. Die Pflanze zieht im Frühsommer komplett ein – ein Wildkraut, das also von selbst verschwindet.

Noch mehr Antworten auf die wichtigsten Gartenfragen finden Sie in dem Buch ***365 Gartenfragen und Antworten für intelligente Faule (CADMOS/avBuch Verlag)*** *und in der Zeitschrift Garten + Haus, www.garten-haus.at.*

MAI

Foto © Dolieryal/Shutterstock.com

MAI 2027

26 Montag			
27 Dienstag			
28 Mittwoch			
29 Donnerstag			
30 Freitag			
01 Samstag	Staatsfeiertag		
02 Sonntag			

Wurzel-Tag Blatt-Tag Blüten-Tag Frucht-Tag △ Kompost-Tag

03
Montag

04
Dienstag

Der Florian, der Florian,
noch einen Schneehut tragen kann.

05
Mittwoch

06
Donnerstag

Christi Himmelfahrt

07
Freitag

08
Samstag

09
Sonntag

MAI 2027

10 Montag		Bohnen leg dir erst an, ist vorbei St. Gordian.	
11 Dienstag			
12 Mittwoch		Wenns an Pankratius gefriert, so wird im Garten viel ruiniert.	
13 Donnerstag		Servaz muss vorüber sein, will man vor Nachtfrost sicher sein.	
14 Freitag			
15 Samstag		Die kalt Sophie, die bringt zum Schluss ganz gern noch einen Regenguss.	
16 Sonntag	Pfingstsonntag		

Wurzel-Tag Blatt-Tag Blüten-Tag Frucht-Tag Kompost-Tag

MAI 2027

17 Montag	Pfingstmontag		
18 Dienstag			
19 Mittwoch			
20 Donnerstag			
21 Freitag			
22 Samstag			
23 Sonntag			

MAI 2027

24 Montag			
25 Dienstag			
26 Mittwoch		Donnert es im Mai recht viel, hat der Bauer gutes Spiel.	
27 Donnerstag	Fronleichnam		
28 Freitag			
29 Samstag			
30 Sonntag			

Wurzel-Tag Blatt-Tag Blüten-Tag Frucht-Tag △ Kompost-Tag

31 Montag		Ist es klar an Petronell, messt den Flachs ihr mit der Ell.	

NOTIZEN

DIE GARTENKOLUMNE

DER URWALD IM 4. STOCK

Mit meinen 2.500 Quadratmetern Garten gehöre ich heute zu den privilegierten Menschen. Das schätze ich auch und bin dankbar dafür. Dass es nicht immer so war, habe ich schon einige Mal hier erwähnt.
Vor allem das Hofzimmer in meiner Studentenzeit in Wien und meine Wohnung im 4. Stock in Linz waren alles andere als gartenfreundlich. Die Fensterbank als Blumenbeet – voll mit Zimmerpflanzen und einigen wenigen Kräutern. Der Versuch, Chili zu ziehen (vor 35 Jahren ein exotischer Versuch) und Kräuter länger als zwei Wochen zu hegen, scheiterte kläglich. Erst ein paar Töpfe vor der Haustür ließen meinen grünen Daumen aufleben.
Der 1, 5 Quadratmeter große Balkon dagegen war ein Gartenparadies. Bonsais waren meine Gehölzkulisse für Paradeiser, Gurken, Zucchini. Die Stangenbohnen waren Wind- und Sichtschutz und die mediterranen Kräuter lieferten die Würze. Damit der Traum vom Süden perfekt war, stand auch noch eine geschmuggelte Zitrone aus Neapel auf dem Balkon: voller Blüten und Früchte. Und auch auf dem kleinsten Balkon gilt: Nur in dem Garten, in dem du sitzen kannst, fühlst du dich auch wohl – also gab es einen Mini-Kaffeehaustisch mit zwei kleinen Hockern.
Das Argument von manchen, die jetzt in meinen vielfältig gestalteten, sehr großzügigen (aber immer zu kleinen!) Garten kommen, dass man bei dieser großen Fläche halt leicht gärtnern kann, wird durch den Beginn meiner Gartenleidenschaft widerlegt: Garteln geht überall – und wenn es nur ein Kräuterkisterl auf der Fensterbank ist.

Fotos © Christoph Böhler, COULANGES/Shutterstock.com

WICHTIGE GARTENARBEITEN im Mai

ZIERGARTEN

- ○ Nach den Eisheiligen können Sie frostempfindliche Sommerblumen wie Pelargonien, Petunien oder Begonien bedenkenlos ins Freie setzen.
- ○ Stauden wie Rittersporn oder Pfingstrosen sollten jetzt rechtzeitig gestützt werden, damit sie bei Wind und Regen nicht umknicken.
- ○ Entfernen Sie regelmäßig verblühte Blüten bei Stiefmütterchen oder Vergissmeinnicht, um die Nachblüte zu fördern.
- ○ Der Rasen wächst jetzt kräftig – mähen Sie regelmäßig, aber nicht zu kurz, um ihn widerstandsfähig zu halten.
- ○ Mulchen Sie Beete, etwa mit Rasenschnitt, um die Bodenfeuchte zu erhalten und Unkraut zu unterdrücken.

OBSTGARTEN

- ○ Der Fruchtansatz bei Apfel, Birne oder Zwetschke wird jetzt sichtbar – ein behutsames Ausdünnen kann die Fruchtqualität verbessern.
- ○ Kontrollieren Sie regelmäßig auf Schädlinge wie Blattläuse oder den Apfelblütenstecher.
- ○ Bei Trockenheit ist eine gleichmäßige Wasserversorgung entscheidend für die Fruchtentwicklung.
- ○ Beerensträucher wie Johannisbeeren oder Himbeeren profitieren jetzt von einer leichten Düngung.
- ○ Bringen Sie bei Bedarf Netze an, um erste Ernten vor Vögeln zu schützen.

GEMÜSEGARTEN

- ○ Nach den Eisheiligen können wärmeliebende Kulturen wie Tomaten, Gurken, Paprika und Zucchini ins Freiland gepflanzt werden.
- ○ Tomaten sollten gleich beim Pflanzen angebunden und regelmäßig ausgegeizt werden.
- ○ Salate, Kohlrabi und Mangold wachsen jetzt rasch und benötigen ausreichend Wasser.
- ○ Mulchen Sie den Boden, um Feuchtigkeit zu speichern und Unkraut zu reduzieren.
- ○ Achten Sie auf Schneckenfraß, besonders bei frisch gesetzten Jungpflanzen.

ZIMMERGARTEN

- ○ Viele Kübelpflanzen wie Oleander oder Zitruspflanzen können jetzt ins Freie übersiedeln, sollten aber langsam an die Sonne gewöhnt werden.
- ○ Kontrollieren Sie Pflanzen auf Schädlinge, besonders nach dem Umstellen ins Freie. Die Zellwände der Pflanzen sind vom Aufenthalt im Raum weich und können Schädlingen nur schwer Widerstand leisten.
- ○ Verblühte Pflanzenteile sollten regelmäßig entfernt werden.
- ○ Achten Sie auf ausreichend große Gefäße, wenn Pflanzen stark wachsen.
- ○ Gießen Sie nun regelmäßiger, da der Wasserbedarf deutlich steigt.

EIN JAHR MIT ENGLISCHEN ROSEN VON DAVID AUSTIN®

Rosen geben dem Garten seinen Rhythmus. Ihre sommerliche Blütenfülle erscheint nicht plötzlich – sie entsteht aus vielen kleinen Handgriffen, die über das Jahr hinweg mit Sorgfalt ausgeführt werden. Jede Jahreszeit hat ihren eigenen Moment, in dem Rosen Aufmerksamkeit erhalten und ihre Schönheit vorbereiten. Wer diesen ruhigen Rhythmus begleitet, erlebt den Garten immer wieder neu.

Winter

Der Winter bringt eine stille Klarheit in den Garten. Ohne Laub treten Form und Struktur der Rosen deutlich hervor, jeder Zweig wird sichtbar. Jetzt ist die Zeit für den Rückschnitt, der den Pflanzen Luft und Gestalt gibt und die Grundlage für gesundes Wachstum im kommenden Jahr legt.
Auch wurzelnackte Rosen werden jetzt gepflanzt. Im kühlen Boden entwickeln sie kräftige Wurzeln und beginnen im Frühjahr mit neuer Kraft zu wachsen. Manche Sorten schmücken den winterlichen Garten sogar mit leuchtenden Hagebutten. 'Dannahue'™ (Ausa6b15), 'Tottering-by-Gently' (Auscartoon) und 'The King's Rose' (Ausa27a16) tragen ihre dekorativen Früchte oft bis weit in die kalte Jahreszeit hinein – ein schöner Farbtupfer im Garten und zugleich eine wertvolle Nahrungsquelle für Vögel.

Frühling

Mit den ersten milden Tagen erwacht der Garten langsam aus seiner Winterruhe. Frische Triebe erscheinen an den Rosen, zarte Blätter entfalten sich, und das Beet gewinnt Woche für Woche an Fülle.
Jetzt lohnt sich eine Gabe organischen Düngers, die das junge Wachstum stärkt. Eine Mulchschicht bewahrt die Feuchtigkeit im Boden und fördert das Bodenleben rund um die Wurzeln. Während sich die Pflanzen kräftig entwickeln, entstehen bereits die ersten Knospen. Ab Mai, gegen Ende des Frühlings, öffnen sich die ersten Blüten der Englischen Rosen.
Sorten wie 'Claire Austin' (Ausprior), 'Desdemona'™ (Auskindling) und 'Olivia Rose Austin'® (Ausmixture) zeigen nun ihre eleganten, duftenden Blüten und geben Beeten eine helle, frische Ausstrahlung.

Gabriel Oak™ Foto © David Austin Roses

DAVID AUSTIN®
Züchter Englischer Rosen seit 1961
Eustacia Vye®
(Ausegdon)
English Shrub Rose
Mehr entdecken
Erhältlich online und im Fachhandel
EU.DAVIDAUSTINROSES.COM

DAVID AUSTIN®
Eine schönere Welt, Rose für Rose
Mehr entdecken
Bring Me Sunshine®
(Ausernie)
English Shrub Rose
Erhältlich online und im Fachhandel
EU.DAVIDAUSTINROSES.COM

Desdemona™ Foto © David Austin Roses

Mit ihnen beginnt die Rosensaison – und der Garten verändert sich beinahe täglich.

Sommer

Mit dem Beginn des Sommers steht der Garten in voller Blüte. Englische Rosen sind bekannt für ihre üppige Blütenfülle und ihre Fähigkeit, den ganzen Sommer über immer wieder neue Knospen zu bilden. Sorten wie The 'Poet's Wife'™ (Auswhirl), 'Roald Dahl'™ (Ausowlish), 'Lady of Shalott'™ (Ausnyson), 'Boscobel'™ (Auscousin) und 'Gabriel Oak' (Auscrowd) sorgen für ein lebendiges Farbspiel von warmem Apricot über leuchtendes Gold bis zu tiefem Rosarot. Entfernt man regelmäßig verblühte Blüten, bilden sich rasch neue Knospen, sodass die Rosen ihre Schönheit über viele Wochen hinweg zeigen.
An warmen Tagen erfüllt ihr Duft den Garten – und einige frisch geschnittene Blüten bringen diese sommerliche Fülle auch ins Haus.

Herbst

Wenn der Sommer langsam ausklingt, legt sich ein weicher, goldener Ton über den Garten. Viele Englische Rosen setzen nun noch einmal zu einer besonders reichen Blüte an und begleiten den Garten bis weit in den Herbst hinein. Sorten wie 'Princess Alexandra of Kent'™ (Ausmerchant), 'Eustacia Vye' (syn. 'Sts. Francis and Claire') (Ausegdon), 'Golden Celebration'® (Ausgold), 'Thomas à Becket' (Auswinston) und 'Charles Darwin'™ (Auspeet) zeigen jetzt ihre kräftigen Farben besonders eindrucksvoll. Gleichzeitig beginnt eine ruhigere Phase im Gartenjahr: Neue Rosen können gepflanzt werden, und bestehende Beete erhalten eine behutsame Pflege, bevor der Garten allmählich in die Winterruhe übergeht. Ein Garten mit Rosen verändert sich mit den Jahreszeiten und bleibt doch vertraut. Jeder Schnitt im Winter, jede Mulchschicht im Frühling und jeder Strauß im Sommer gehört zu diesem leisen Kreislauf. So schenken Rosen Jahr für Jahr ihre Schönheit – und begleiten das Gartenjahr mit Duft, Farbe und Charakter. Mehr über die Pflege von Rosen im Jahreslauf erfahren Sie hier:

Lady of Shalott™ Foto © David Austin Roses

ROSEN-BEGLEITER im Porträt

Foto © valemaxxx/Shutterstock.com

Steppensalbei (*Salvia nemorosa*)

Steppensalbei bringt mit seinen aufrechten Blütenständen Struktur in das Rosenbeet und setzt farbliche Kontraste, ohne sich in den Vordergrund zu drängen. Die violettblauen oder weißen Blüten erscheinen ab dem späten Frühjahr und bilden einen klaren Gegenpol zu den weich geformten Rosenblüten.

Für die Pflanzung eignet sich Steppensalbei besonders im Vorder- oder Mittelgrund. Er lockert dichte Rosenpflanzungen auf und sorgt für eine klare Gliederung im Beet. Gleichzeitig wirkt er als verbindendes Element zwischen verschiedenen Stauden und verhindert, dass die Pflanzung optisch „schwer" wirkt.

Der Standort sollte sonnig und eher trocken sein, mit gut durchlässigem Boden. Staunässe wird schlecht vertragen, kurze Trockenphasen hingegen problemlos. Nach der ersten Blüte empfiehlt sich ein Rückschnitt, der eine zweite, oft ebenso kräftige Blüte im Sommer anregt.

Die Salbeiart lässt sich gut mit anderen trockenheitsverträglichen Stauden kombinieren und bleibt auch bei längeren Hitzeperioden stabil.

Durch seine klare Wuchsform wirkt er ordnend im Beet und bringt Struktur in flächige Pflanzungen, ohne dominant zu werden.

Steppensalbei ist nicht nur gestalterisch wertvoll, sondern auch ökologisch relevant: Die Blüten werden intensiv von Bienen und anderen Insekten besucht und bringen Bewegung und Leben in den Garten.

ENGLISCHE ROSE im Porträt

Foto © David Austin Roses *Limited*

Oliva Rose Austin™ (Ausmixture)

Olivia Rose Austin™ zählt zu den früh blühenden Englischen Rosen und eröffnet die Rosensaison mit klar geformten, mittelrosa Blüten. Die dicht angeordneten Blütenblätter bilden gleichmäßige Rosetten, die eine ruhige, klassische Wirkung entfalten.

Die Blüten erscheinen in lockeren Dolden und setzen sich über den gesamten Sommer hinweg fort. Durch ihre zuverlässige Nachblüte bleibt die Pflanze über lange Zeit attraktiv und sorgt für eine gleichmäßige Farbwirkung im Beet.
Der Duft ist leicht bis mittelstark und besitzt eine frische, fruchtige Note, die sich besonders in Sitzplatznähe gut wahrnehmen lässt.

Der Strauch wächst kompakt, gleichmäßig und gut verzweigt mit gesundem, dunkelgrünem Laub. Mit etwa 1, 2 m Höhe eignet sich die Sorte für mittlere Beetbereiche und lässt sich gut in gemischte Pflanzungen integrieren. Auch für kleinere Gärten ist die Sorte gut geeignet, da sie kompakt bleibt und sich harmonisch einfügt.

Ein sonniger, luftiger Standort mit nährstoffreichem, durchlässigem Boden fördert Blühfreude und Vitalität. Olivia Rose Austin™ zeigt sich robust im Wuchs und bleibt auch bei wechselnden Witterungsbedingungen stabil.

In Kombination mit strukturbildenden Stauden wie Steppensalbei entsteht ein ausgewogenes Gesamtbild: Die klaren Blütenformen der Rose treffen auf die aufrechten Blütenkerzen des Salbeis und erzeugen eine ruhige, zugleich lebendige Pflanzung.

BRENNNESSEL – SUPERFOOD FÜR BEET UND KÖRPER

Jetzt sprießen sie wieder – die Brennnesseln! Für viele das Unkraut pur. Dabei sind sie echtes Superfood – nicht nur für uns Menschen, sondern auch für Boden, Pflanzen und Tiere.

Es gibt wohl kaum eine Pflanze, die lange Zeit derart ungeliebt war wie die Brennnessel. Urtica dioica, die Große Brennnessel, und Urtica urens, die Kleine Brennnessel, sind wohl jedem Gartenbesitzer ein Begriff. Histamine, Acetylcholin und Natriumformiat sind Bestandteile des Nesselgifts, das zu Hautrötungen und Schwellungen führt, und deshalb ist die Pflanze in Ungnade gefallen. Doch die Brennnesseln sind sogenannte Zeigerpflanzen. Überall dort, wo sie wachsen, ist der Boden sehr humusreich und gut mit Stickstoff versorgt. Und wenn sie einmal wachsen, dann gehört bald ein ganzes Areal ihnen ... Diese Pflanze hat es in sich!

Warum sind die Brennnesseln ein Superfood für Mensch und Boden?

Die Blätter enthalten, so zeigten umfassende Untersuchungen, Ameisen-, Essig- und Zitronensäure, verschiedene Vitamine, Carotinoide, wichtige Aminosäuren sowie die Spurenelemente Eisen, Silicium, Magnesium, Kali, Kalzium, Phosphor und – das ist für den Gärtner besonders interessant – viele stickstoffhaltige Substanzen. Besonders wertvolle sind später im Jahr die Brennnesselsamen (nur bei den weiblichen, wo sie in dicken Trauben nach unten hängen) – sie gelten als potenzstärkend!

Die Brennnesseljauche als Boden-Booster!

Das Rezept: Holz- oder Plastikfass etwa zu zwei Drittel mit Wasser füllen, am besten Regenwasser. Auf 10 Liter Wasser werden dann ein Kilogramm frische, klein geschnittene Brennnesseln zugefügt. Ein

Die schwarzen Raupen des Tagpfauenauges lieben die Blätter der Großen Brennnessel. Foto © JoannaTkaczuk/Shutterstock

Brennnesseljauche wird zum Gären in einem verschließbaren Fass angesetzt. Foto © FotoHelin/Shutterstock

warmer, sonniger Standort ist günstig, so kommt der Gärungsprozess rasch in Gang. Das Jauchefass sollte man nicht sofort zudecken, da für die Umwandlung Sauerstoff eine wichtige Rolle spielt. Das mehrmalige Umrühren beschleunigt den Vorgang. Um den Gestank etwas zu reduzieren, kann die Jauche von Zeit zu Zeit mit Steinmehl überstäubt werden. Sobald kein Schaum mehr vorhanden ist, hat sich die Jauche beruhigt und ist einsatzbereit. Je nach Jahreszeit und Temperatur kann das 5 bis 14 Tage dauern. Im Verhältnis 1 : 10 wird die Jauche mit Wasser verdünnt direkt in den Wurzelbereich der Pflanzen gegossen.
Wer keine frischen Pflanzen zur Verfügung hat, kann auch getrocknetes Kraut (im Handel erhältlich) verwenden: 200–250 Gramm sind dann für 10 Liter Wasser nötig.

Welche Tiere „fliegen" auf Brennnesseln?

Die Raupen von Admiral, Tagpfauenauge und Kleiner Fuchs lieben die Blätter – wenn sie in der Sonne stehen. Im Schatten wachsende Pflanzen sind eine Delikatesse für die Raupen vom Landkärtchen. Aber noch zahlreiche andere Insekten lieben diese Pflanze und leben auf ihr. Daher gilt: Niemals sammeln, wenn sich Insekten auf ihr befinden. Gerade für diese Schmetterlinge wird der Lebensraum immer weniger.

Die Brennnessel in der Küche

Wenn der Biogärtner über Kochen schreibt, dann hat das besondere Gründe, denn die ersten zarten Brennnesselblätter sind eine Köstlichkeit. Im Salat oder dünn mit Öl bestrichen und im Backrohr geröstet. Oder als Brennnessel-Schaumsüppchen (Blätter mit Schalotten andünsten, Gemüsebrühe angießen, etwas Tomatenmark, Dost, Obers sowie mit Salz und Pfeffer würzen) frisch püriert und aufgeschäumt – eine Köstlichkeit.
Auch als Tee entfaltet die Brennnessel ihre wohltuende Wirkung. Dazu werden die jungen Blätter mit heißem Wasser übergossen und einige Minuten ziehen gelassen. Der leicht herbe, erfrischende Geschmack macht den Brennnesseltee zu einem wertvollen Begleiter im Alltag. Traditionell wird er zur Unterstützung von Stoffwechsel und Entgiftung geschätzt und gilt als belebendes Getränk für Körper und Geist.

Brennnessel-Schaumsüppchen Foto © IngridHS/Shutterstock

DUFTGARTEN IM MAI – EIN FEST FÜR DIE SINNE

Der Mai ist jener Monat, in dem der Garten nicht nur blüht – er beginnt zu duften. Mit den ersten Rosen, den üppigen Pfingstrosen und den aromatischen Kräutern entfaltet sich eine sinnliche Vielfalt, die man nicht nur sieht, sondern erlebt. Wer jetzt durch den Garten geht, merkt schnell: Der Duft verändert sich im Tagesverlauf – morgens frisch und klar, am Abend warm und intensiv.

Duft gezielt erleben und gestalten

Duftpflanzen entfalten ihre Wirkung am besten an geschützten, sonnigen Standorten. Besonders intensiv ist das Erlebnis entlang von Wegen, bei Sitzplätzen oder am Hauseingang – überall dort, wo man den Garten bewusst wahrnimmt. Klassiker wie Pfingstrosen, Rosen, Lavendel, Thymian oder auch die ersten blühenden Stauden lassen sich wunderbar kombinieren. Wichtig ist dabei, nicht zu viele starke Düfte zu mischen – oft wirkt eine gezielte Auswahl harmonischer als ein Übermaß.

Auch die Tageszeit spielt eine Rolle: Während Kräuter und viele Blütenpflanzen in der Mittagssonne ihre ätherischen Öle freisetzen, entfalten manche Gehölze und Nachtblüher ihren Duft erst in den Abendstunden. Wer darauf achtet, kann den Garten bewusst „inszenieren" – als Ort der Ruhe, der Erinnerung und des Genusses.

Ein kleiner Tipp aus der Praxis: Nach einem warmen Frühlingstag genügt oft schon ein leichter Wasserguss am Abend, um die Duftstoffe wieder anzuregen – der Garten „atmet" förmlich auf und gibt seine Aromen noch einmal frei. Gerade rund um Terrasse oder Sitzplatz lässt sich so mit wenig Aufwand ein besonders intensives Dufterlebnis schaffen.

Im Mai zeigt sich damit besonders schön, was Gartenarbeit leisten kann: Sie schafft nicht nur Räume zum Wachsen, sondern auch zum Innehalten. Und manchmal genügt schon ein einziger Duft, um einen Moment unvergesslich zu machen.

Viele Orientalische Pfingstrosen verströmen einen betörenden Duft. Foto © Maria Evseyeva/Shutterstock

REZEPT des Monats

SPARGELTASCHEN

Zutaten

1 Pkg. Blätterteig
500 g grüner Spargel
4 Scheiben Emmentaler
4 Scheiben Schinken
1 Ei zum Bestreichen

Zubereitung

Den Spargel in Salzwasser bissfest kochen. Den Blätterteig ausrollen und in Rechtecke (ca. 5 x 10 cm) schneiden. Jeweils ein halbes Blatt Käse und Schinken sowie 3 halbierte Spargelstangen diagonal auf die Teigplatten legen und zusammenklappen. Auf ein Backblech legen, mit Ei bestreichen und ca. 15 Minuten bei 200 Grad goldgelb backen.

BUCHTIPP des Monats

Im Naturgarten wird mit und nicht gegen die Natur gegärtnert! In 20 Kapiteln für 20 Jahre gartelt der Biogärtner mit noch mehr Schwung, denn das Garteln hält ihn jung. Als Biopionier der ersten Stunde teilt er sein umfangreiches Wissen in Vorträgen, TV-Sendungen und auf Reisen. Neben Reisetipps und Begegnungen mit Persönlichkeiten aus der Gartenbranche beantwortet er zudem 200 neue Gartenfragen.

Genau so geht BioGarten!

20 Jahre Erfahrungen des intelligenten faulen Gärtners – „Neues vom Bio-Pionier"
Karl Ploberger
176 Seiten
avBUCH Verlag
ISBN 978-3-8404-7578-8
€ 14, 99

FRAGEN UND ANTWORTEN rund ums Garteln

Ich habe Rasen frisch angebaut, doch die Samen wachsen einfach nicht. War es das Saatgut oder die Witterung?
Möglicherweise beides. Beim Saatgut sollte man immer zu einer hochwertigen Mischung greifen. Die extrem kühlen Temperaturen haben, wie bei vielen anderen Pflanzen auch, das Wachstum aber stark gebremst.

Sie haben kürzlich auf Facebook über das Flämmen geschrieben. Ich will dort nicht schreiben, daher hier die Frage: Ist das für das Bodenleben gefährlich? Ich habe heuer so viel Unkraut.
Am besten ist es, wenn man die störenden Wildkräuter, die durch den Regen extrem wachsen, ausreißt, aber auf großen Pflasterflächen ist das unmöglich. Dort hat sich das Flämmen als umweltfreundlichste Möglichkeit bewährt. Die Hitze ist nur oberflächlich und vernichtet nur die einjährigen Pflanzen. Wurzelunkräuter kommen wieder, werden aber mit jeder Anwendung geschwächt.

Noch immer sind die Blätter der Schneeglöckchen saftig grün. Wann kann ich dann den Rasen mähen?
Die kühle Witterung lässt bei diesen Frühjahrsblühern ein besonders langes Wachstum zu. Das schafft gute Blühvoraussetzungen für das kommende Jahr. Also noch nicht abmähen!

Foto © Christoph Böhler

Noch mehr Antworten auf die wichtigsten Gartenfragen finden Sie in dem Buch ***365 Gartenfragen und Antworten für intelligente Faule (CADMOS/avBuch Verlag)*** *und in der Zeitschrift Garten + Haus, www.garten-haus.at.*

JUNI

Foto © ju_see/Shutterstock.com

JUNI 2027

31
Montag

01
Dienstag

Schönes Wetter auf Fortunat,
ein gutes Jahr zu bedeuten hat.

02
Mittwoch

03
Donnerstag

04
Freitag

05
Samstag

06
Sonntag

Wurzel-Tag Blatt-Tag Blüten-Tag Frucht-Tag △ Kompost-Tag

JUNI 2027

07 Montag			
08 Dienstag		An Sankt Medardus wird ausgemacht, ob 40 Tag die Sonne lacht.	
09 Mittwoch			
10 Donnerstag			
11 Freitag			
12 Samstag			
13 Sonntag			

JUNI 2027

14 Montag			
15 Dienstag			
16 Mittwoch		Wer auf Sankt Benno baut, kriegt viel Flachs und Kraut.	
17 Donnerstag			
18 Freitag			
19 Samstag			
20 Sonntag			

Wurzel-Tag Blatt-Tag Blüten-Tag Frucht-Tag Kompost-Tag

JUNI 2027

21 Montag		Ist die Milchstraße klar zu sehn, bleibt das Wetter schön.	
22 Dienstag			
23 Mittwoch			
24 Donnerstag			
25 Freitag			
26 Samstag			
27 Sonntag			

JUNI 2027

28 Montag		Wenns im Juni viel regnet, ist der Graswuchs gesegnet.	
29 Dienstag			
30 Mittwoch			
01 Donnerstag			
02 Freitag			
03 Samstag			
04 Sonntag			

Wurzel-Tag Blatt-Tag Blüten-Tag Frucht-Tag Kompost-Tag

NOTIZEN

DIE GARTENKOLUMNE

80 HUNGRIGE KEHLEN

Mit zunehmendem Alter erlebe ich den Garten immer intensiver, denn es gibt weniger Reisen, kaum Vorträge und auch die TV-Moderationen werden weniger.
So kann ich an vielen Tagen und zu jeder Tageszeit beobachten, wie sich in meinem Garten dieses ökologische Gleichgewicht einstellt, von dem ich immer geträumt habe. Und während bei den vielen Fragen (an dieser Stelle gleich die Entschuldigung: Ich schaffe die oft 50 Mails an einem Tag nicht sofort), die mich erreichen, Schilderungen von Schädlingen und Krankheiten dominieren, habe ich mit diesen kaum Probleme im eigenen Garten.
Denn alle 15 (!) Nistkästen sind fast Jahr für Jahr „vermietet", und man kann sich die Emsigkeit der Vogeleltern gar nicht vorstellen, sind doch gut 80 Jungvögel zu versorgen. So tauchen bei mir, zum Beispiel bei den Rosen, kaum Blattläuse auf, denn die gefiederte Schädlingspolizei ist überaktiv. Mit ein Grund für die Wuchskraft dürfte auch die exakte Bodenvorbereitung im Frühjahr gewesen sein, denn alle Beete wurden vorsichtig gelockert, von Unkraut befreit, mit Kompost und viel organischem Dünger versorgt sowie dick gemulcht. Außerdem habe ich die Rosen dieses Jahr besonders exakt geschnitten und so dafür gesorgt, dass sie kräftig und gesund wachsen.
Die Schnecken sind dieses Jahr (Dank der Witterung) kein Problem. Aber hier werden Blindschleichen und Ringelnattern wohl auch ihren Teil beitragen. Genauso wie die Laufkäfer, die im Mulch ihr Versteck haben und sich nachts um „meine" Schnecken kümmern. Da macht das Garteln gleich noch mehr Spaß.

WICHTIGE GARTENARBEITEN im Juni

ZIERGARTEN

- ○ Entfernen Sie regelmäßig Verblühtes bei Rosen, Margeriten oder Lupinen, um die Blühdauer zu verlängern.
- ○ Der Rasen benötigt jetzt häufige Schnitte – achten Sie auf ausreichende Wasserversorgung.
- ○ Gießen Sie bei Trockenheit möglichst durchdringend und seltener, statt oberflächlich und häufig, damit sich die Wurzeln in tiefere Bodenschichten entwickeln.
- ○ Kontrollieren Sie empfindliche Pflanzen auf Blattläuse oder ersten Mehltaubefall, besonders bei Rosen oder Phlox, und entfernen Sie befallene Pflanzenteile frühzeitig.

OBSTGARTEN

- ○ Erste Ernten beginnen bei Erdbeeren, frühen Kirschen und Johannisbeeren – pflücken Sie die Früchte regelmäßig und möglichst am Vormittag, wenn sie noch kühl und aromatisch sind.
- ○ Schützen Sie reifende Früchte mit feinmaschigen Netzen vor Vogelfraß, insbesondere bei Kirschen, da diese innerhalb weniger Tage komplett abgeerntet werden können.
- ○ Ein gezielter Sommerschnitt bei stark wachsenden Obstbäumen sorgt für mehr Licht in der Krone und verbessert die Ausreife der Früchte.
- ○ Entfernen Sie sogenannte Wasserschosse an Obstbäumen

GEMÜSEGARTEN

- ○ Jetzt beginnt die Haupterntezeit für viele Kulturen wie Kopfsalat, Spinat oder Radieschen – ernten Sie regelmäßig, um die Pflanzen jung und zart zu halten.
- ○ Säen Sie in Abständen neue Kulturen wie Radieschen oder Pflücksalat nach, damit Sie kontinuierlich frisches Gemüse zur Verfügung haben.
- ○ Tomaten sollten konsequent ausgegeizt werden, indem Sie die Seitentriebe in den Blattachseln frühzeitig entfernen.
- ○ Gurken, Zucchini und Kürbisse benötigen jetzt viel Wasser und Nährstoffe – gießen Sie regelmäßig und versorgen Sie sie bei Bedarf mit organischem Dünger.

ZIMMERGARTEN

- ○ Zimmerpflanzen wie *Ficus*, *Monstera* oder Palmen haben jetzt einen deutlich erhöhten Wasserbedarf – prüfen Sie täglich die Bodenfeuchte und gießen Sie bei Bedarf.
- ○ Vermeiden Sie direkte Mittagssonne, da diese bei empfindlichen Arten schnell zu Blattverbrennungen führen kann.
- ○ Düngen Sie regelmäßig in kleinen Mengen, um das kräftige Wachstum während der Sommermonate zu unterstützen.
- ○ Kontrollieren Sie Pflanzen auf Schädlinge wie Spinnmilben, die sich bei warmem, trockenem Klima schnell vermehren.

ROSEN-BEGLEITER im Porträt

Foto © Kristine Rad/Shutterstock.com

Katzenminze (*Nepeta × faassenii*)

Katzenminze zählt zu den verlässlichsten Begleitpflanzen für Rosen und bringt mit ihrem lockeren, überhängenden Wuchs Bewegung in das Beet. Die zahlreichen kleinen, blauvioletten Blüten erscheinen ab dem späten Frühjahr und bilden über viele Wochen hinweg einen durchgehenden Blütenteppich.

Für die Pflanzung eignet sich Katzenminze besonders im Vordergrund oder als flächige Unterpflanzung. Sie lockert dichte Rosenbestände auf und schafft weiche Übergänge zwischen einzelnen Pflanzen. Gleichzeitig deckt sie den Boden, reduziert Verdunstung und hält den Wurzelbereich gleichmäßiger feucht.

Der Standort sollte sonnig und gut durchlässig sein. Katzenminze verträgt Trockenphasen problemlos und entwickelt sich auch auf magereren Böden zuverlässig. Nach der ersten Blüte sorgt ein Rückschnitt für einen frischen Austrieb und eine zweite Blüte im Sommer.

Katzenminze ist ausgesprochen pflegeleicht und bildet über die Jahre stabile Bestände. Ihre lange Blütezeit und die hohe Anpassungsfähigkeit machen sie zu einer der wichtigsten Strukturpflanzen im sommerlichen Rosenbeet.

Katzenminze zeigt ihren Wert auch in der Flächenwirkung: In größeren Gruppen gepflanzt, entsteht ein durchgehender Blütenteppich, der das Beet optisch zusammenhält. Gleichzeitig bleibt die Pflanze locker im Aufbau und verhindert, dass die Pflanzung zu dicht oder kompakt wirkt.

ENGLISCHE ROSE im Porträt

Foto © David Austin Roses Limited

Boscobel™ (Auscousin)

Boscobel™ fällt im Garten durch ihre warme, lebendige Farbwirkung auf. Die Knospen öffnen sich zu dicht gefüllten Rosetten in leuchtendem Korallenrosa, wobei das Zentrum intensiver gefärbt bleibt und den Blüten eine bemerkenswerte Tiefe verleiht.
Die Blüten erscheinen in reicher Folge vom Frühsommer an und wiederholen sich über viele Wochen hinweg. Dadurch entsteht ein kontinuierlicher Blütenfluss, der das Beet über einen langen Zeitraum prägt.
Der Duft ist kräftig und vielschichtig mit typischer Myrrhe-Note und feinen Anklängen von Mandelblüte, Birne und Holunderblüte.

Der Strauch wächst aufrecht und kompakt mit gesundem, mittelgrünem Laub und erreicht etwa 1, 2 m Höhe. Damit eignet sich Boscobel™ gut für mittlere Beetbereiche oder für Pflanzungen, in denen klare Strukturen gefragt sind.

Ein sonniger, luftiger Standort mit nährstoffreichem, gut durchlässigem Boden fördert Blühfreude und Vitalität. Die Sorte zeigt sich stabil im Wuchs und lässt sich gut in gemischte Pflanzungen integrieren.

Durch ihre klare Blütenform eignet sie sich gut für strukturierte Pflanzungen und bringt zugleich eine lebendige Farbnuance in klassische Rosenbeete. In Kombination mit locker wachsenden Begleitern wie Katzenminze entsteht ein ausgewogenes Gesamtbild: Die warmen Rosentöne treffen auf kühle Blütenfarben und werden durch die fließende Struktur der Stauden zusätzlich betont.

DER GARTEN ALS WOHNZIMMER – JETZT ZIEHT DAS LEBEN NACH DRAUSSEN

Irgendwann im Juni passiert es ganz von selbst: Man geht am Abend noch kurz hinaus, schaut nach den Pflanzen – und bleibt. Die Luft ist mild, das Licht weich, und plötzlich merkt man, dass es keinen Grund mehr gibt, wieder ins Haus zurückzukehren. Der Garten hat sich verändert. Aus einem Ort der Arbeit ist ein Raum zum Leben geworden.

Wo im Frühling noch gesät, gepflanzt und geplant wurde, beginnt jetzt die Zeit des Genießens. Der Garten wird zum zweiten Wohnzimmer – mit dem großen Vorteil, dass hier keine Wände den Blick begrenzen und kein Dach den Himmel verdeckt.

Was aber macht einen Garten eigentlich wohnlich? Es sind nicht die großen Gesten. Vielmehr sind es die vielen kleinen Details, die dafür sorgen, dass man sich niederlässt und gerne bleibt.

David Austin Rose 'Boscobel' Foto © David Austin Roses Limited

Kleine Sitzplätze mit großer Wirkung

Ein ganz entscheidender Punkt sind die Sitzplätze. Oft wird viel Energie in eine große Terrasse gesteckt, dabei sind es gerade die kleinen, flexiblen Plätze, die den Garten lebendig machen. Ein Stuhl unter einem Baum, eine Bank an der Hauswand, ein Tisch mitten im Grünen – sie laden dazu ein, den Garten zu verschiedenen Tageszeiten immer wieder neu zu erleben. Morgens in der Sonne frühstücken, mittags ein schattiges Plätzchen aufsuchen, abends den letzten warmen Strahlen nachspüren: Wer mehrere kleine Aufenthaltsorte schafft, nutzt den Garten intensiver und bewusster.

Pflanzen, die Atmosphäre schaffen

Fast noch wichtiger als Möbel sind die Pflanzen rund um diese Plätze. Sie sind nicht bloß Dekoration, sie schaffen Atmosphäre. Duft spielt dabei eine ganz besondere Rolle. Rosen, Lavendel oder auch einfache Kräuter wie Thymian und Minze entfalten gerade an warmen Tagen ihr volles Aroma. Wer einen Sitzplatz in ihre Nähe setzt, wird das sofort bemerken. Dazu kommt die Bewegung: Zarte Gräser, die im Wind schwingen, lockern das Gesamtbild auf und verleihen dem Garten Leichtigkeit. Hohe und niedrige Pflanzen, dicht und locker gesetzte Gruppen – all das sorgt dafür, dass sich ein Platz geborgen anfühlt, ohne eingeengt zu wirken.

Die besondere Stimmung am Abend

Besonders reizvoll wird der Garten in den Abendstunden. Dann verändert sich die Stimmung ganz von selbst. Die Hitze des Tages weicht, die Farben werden sanfter, und viele Düfte treten jetzt erst richtig hervor. Auch die Geräusche werden intensiver – das Summen der Insekten, das Rascheln der Blätter, vielleicht das leise Plätschern von Wasser. Es ist diese Mischung aus Sinneseindrücken, die den Garten zu einem echten Lebensraum macht.

Licht bewusst einsetzen

Beim Thema Licht ist allerdings ein bewusster Umgang gefragt. So angenehm eine stimmungsvolle Beleuchtung auch ist – für viele Insekten kann künstliches Licht zur Gefahr werden. Gerade in den Sommermonaten werden sie davon angezogen, verlieren die Orientierung oder verenden. Deshalb gilt: Licht dort einsetzen, wo es wirklich gebraucht wird – etwa als Sicherheitsbeleuchtung entlang von Wegen, bei Treppen oder im Eingangsbereich. Moderne, warmweiße Leuchten mit geringer Intensität und gezielter Ausrichtung helfen, den Garten zu beleuchten, ohne ihn unnötig „aufzuhellen". Oft genügt schon ein einzelner Lichtpunkt, um Orientierung zu schaffen und gleichzeitig die natürliche Atmosphäre zu erhalten.

Einfache Ideen, die den Unterschied machen

Neben all diesen Gestaltungselementen sind es oft die einfachen Dinge, die den größten Unterschied machen. Ein Tisch, der nicht jedes Mal hinausgetragen werden muss, lädt eher dazu ein, spontan draußen zu essen. Ein paar Kissen oder eine Decke verlängern den Abend, wenn es später doch etwas kühler wird. Und Kräuter in Griffnähe sorgen nicht nur für Duft, sondern landen auch direkt auf dem Teller.

Denn im Juni wird der Garten auch zum Esszimmer. Die ersten Ernten bereichern die Küche – frische Salate, Erdbeeren, aromatische Kräuter. Es ist ein besonderes Gefühl, wenn das, was man tagsüber gepflegt hat, am Abend auf dem Tisch steht. Mehr Regionalität ist kaum möglich.

Ein Stück Zuhause unter freiem Himmel

So wächst der Garten im Laufe dieses Monats immer stärker mit dem Alltag zusammen. Er ist nicht mehr nur ein Ort, den man besucht, sondern ein Raum, in dem man lebt. Vielleicht ist es genau das, was den Juni im Garten so besonders macht: Diese Selbstverständlichkeit, mit der drinnen und draußen ineinander übergehen.

Und wer einmal erlebt hat, wie ein warmer Sommerabend im eigenen Garten ausklingt, der weiß: Ein schöner Garten ist weit mehr als eine Ansammlung von Pflanzen. Er ist ein Stück Zuhause unter freiem Himmel.

Moderne LED-Beleuchtungskonzepte unterstützen uns beim Insektenschutz. Foto © Stenko Vlad/Shutterstock

Fattoria La Vialla ...

... FÜR DIE ZUKÜNFTIGEN GENERATIONEN

Abseits des Trubels der Toskana, nahe Arezzo, liegt die Fattoria La Vialla – ein Demeter-zertifizierter Familienbetrieb und eines der eindrucksvollsten Beispiele regenerativer Landwirtschaft in Europa. Seit fast 50 Jahren verbindet die Familie Lo Franco biodynamischen Anbau, eigene Verarbeitung, Agriturismo und Forschung zu einem geschlossenen Wirtschaftskreislauf im Einklang mit der Natur – für die kommenden Generationen.

Auf Feldern, in Weinbergen und Olivenhainen entstehen hochwertige, nährstoffdichte Lebensmittel direkt „Farm to Table": Wein, Olivenöl, Pasta, Pecorino, Gebäck und viele weitere Spezialitäten aus eigener Herstellung. Jeder Schritt – vom Anbau bis zur Verarbeitung – bleibt auf dem Hof, wodurch Herkunft, Qualität und Handwerk transparent und erlebbar werden.

Ressourcen werden konsequent im Kreislauf genutzt: Nebenprodukte der Produktion fließen in neue Anwendungen, Wasser wird aufbereitet, Energie stammt aus erneuerbaren Quellen.

La Vialla versteht Regeneration ganzheitlich: Böden werden aufgebaut, Biodiversität gefördert und klimaresiliente Anbaumethoden wie syntropische Agroforstwirtschaft erprobt. So zeigt der Betrieb, wie Landwirtschaft aktiv auf den Klimawandel reagieren kann und stabile Ökosysteme entstehen.

Über die Landwirtschaft hinaus ist La Vialla auch ein sozialer Raum: Eine lebendige Community aus Familie, Mitarbeitenden und Gästen verbindet

Alltag, Austausch und die Erfahrung eines authentischen Hoflebens.
Wer Produkte der Fattoria La Vialla wählt, entscheidet sich nicht nur für Geschmack und Qualität, sondern für ein in sich geschlossenes System: für nährstoffreiche Lebensmittel aus regenerativer Landwirtschaft, für transparente Herkunft und für eine Gemeinschaft, die Landwirtschaft, Genuss und Verantwortung für die kommenden Generationen verbindet. Genuss wird hier Teil eines größeren Kreislaufs, der Natur, Mensch und Zukunft gleichermaßen stärkt.

Wo Landwirtschaft auf Gemeinschaft trifft: Auf der Fattoria La Vialla entstehen Lebensmittel, Begegnungen und Erlebnisse, die Menschen, Natur und Genuss miteinander verbinden. www.lavialla.com

SO WIRD DIE KÖNIGIN DER BLUMEN GEPFLEGT

Juni ist und bleibt der Rosenmonat. Hier die wichtigsten Tipps, damit die Königin der Blumen viele Jahre Freude macht:

1. Auf die Sorte achten!

Auch wenn so manch duftende Blüte jetzt verlockend ist – bevor man zugreift, sollte man auf die innere Gesundheit der Rose achten. Das „ADR"-Signet ist ein Zeichen für eine blühfreudige, krankheitsresistente Pflanze.

2. Nur sonnige, luftige Standorte wählen!

Rosen sind Sonnenkinder. Nur dort werden sie viele Blüten bilden und besonders gesund wachsen. Als Erde ist Lehm, der mit Kompost und Sand verbessert wurde, ideal. Rosenerde aus der Packung sollte viel Ton und keinen Torf enthalten. Nie dort Rosen setzen, wo welche standen – sieben Jahre Pause!

3. Düngen nicht vergessen!

In den ersten Jahren sollten Rosen ausreichend mit Nährstoffen versorgt werden. Organische Volldünger immer im Frühjahr und gleich nach der Blüte im Wurzelbereich einarbeiten. Später brauchen Kletter- und große Strauchrosen kaum noch Dünger.

4. Pflanze stärken!

Eine ganze Palette an neuen Kräftigungsmitteln (sie werden nun „Grundstoffe" genannt) steht zur Verfügung: Das gute alte Schachtelhalmextrakt stärkt die Zellstruktur der Blätter. Lecithin verhindert den Pilzbefall, und Natriumhydrogencarbonat (Backpulver) bekämpft Mehltau.

5. Schädlinge sanft entfernen!

Viele der Rosen benötigen überhaupt keine Hilfe, wenn es darum geht, Schädlinge zu bekämpfen oder abzuwehren. Eine Blattlausinvasion, wie es sie dieses Jahr gab, löste sich mit vielen Nützlingen (Marienkäfer und Marienkäferlarven) fast von selbst auf. Ansonsten punktuell ein Biospritzmittel am Abend sprühen und ein, zwei Mal wiederholen. Blattrollwespen und Raupen muss man im Hausgarten selten bekämpfen.

6. Richtig schneiden!

Nur die Edelrosen und die mehrmals blühenden Strauch- und Kletterrosen werden geschnitten. Knapp über dem ersten voll entwickelten, fünfteiligen Blatt erfolgt der Schnitt, dann treibt die Pflanze neue durch und bekommt vier bis sechs Wochen später neue Blüten.

7. Richtig gießen!

Gut eingewachsene Rosen werden nicht gegossen, frisch gepflanzte wöchentlich intensiv mit 20 Litern pro Pflanze, damit die Feuchtigkeit in die Tiefe geht und das Wurzelwachstum anregt. Rosen im Topf aber regelmäßig mit Wasser versorgen.

David Austin Rose 'Boscobel™' Foto © David Austin Roses *Limited*

REZEPT des Monats

BUTTERMILCHMUS MIT FRISCHEN BEEREN

Zutaten

¼ l Buttermilch
¼ l Schlagobers
80 g Staubzucker
3 Blatt Gelatine
Saft einer halben Zitrone
Himbeeren, Heidelbeeren, Ribisel
Schokospäne
Minzeblatt

Zubereitung

Buttermilch, Staubzucker und Zitronensaft verrühren. Gelatine in kaltem Wasser einweichen, ausdrücken, in wenig heißem Wasser auflösen und in die Buttermasse einrühren. Das halb steif geschlagene Schlagobers unterheben.
Dessertgläser mit frischen Beeren befüllen. Die Buttermilchcreme darübergießen und kurz in den Kühlschank stellen. Vor dem Servieren mit Schokospänen und Minze dekorieren.

BUCHTIPP des Monats

„Erste Hilfe im Garten für intelligente Faule" bietet schnelle, praktische Lösungen für häufige Gartenprobleme wie Tomatenblätter, Brombeeren und Erdbeeren. Der erfahrene Autor teilt erprobte Tipps, klare Anleitungen sowie viele Bilder und Skizzen. Ideal für alle, die ihren Garten lieben, aber wenig Zeit haben. Dieses Nachschlagewerk ist perfekt, um entspannt und effektiv zu gärtnern.

Erste Hilfe im Garten für intelligente Faule

Karl Ploberger
128 Seiten
avBUCH Verlag
ISBN 978-3-8404-7593-1
€ 15, 95

FRAGEN UND ANTWORTEN rund ums Garteln

Einige meiner Rosen haben ein paar Triebe mit gelben Blättern. Sie dürften aber nicht krank sein, der Rest der Pflanze ist total gesund. Was kann die Ursache sein?
Das sind vermutlich Frostschäden, bei denen die Triebe zu zwei Drittel und mehr geschädigt wurden. Oft reicht die Kraft für den Blattaustrieb, aber nicht mehr für die langfristige Versorgung. Sofort zurückschneiden bis ins gesunde Holz!

Kann ich bei meinen Rosen Rindenmulch zu den Pflanzen geben, um das Unkraut zu unterdrücken?
Ich würde das nicht machen, denn die Rinde enthält viel Gerbsäure, die die Rosen schädigen kann. Besser ist es, eine Gartenfaser oder einen Spezialmulch (mit Rindenhumus und Holzfaser) zu verwenden.

Ich habe riesige Probleme mit einem grünen Käfer, der meine Rosenblüten frisst – nicht einer, sondern gefühlte Hunderte ... Wie heißt er und was kann ich dagegen tun?
Der Käfer ist entweder der Rosenkäfer (grün metallisch glänzend) oder der Trauerrosenkäfer (schwarz und etwas kleiner). Spritzmittel auf Biobasis helfen nur, wenn sie Pyrethrum enthalten (z. B. Spruzit von Neudorff oder Schädlingsfrei plus von Compo). Tritt meist nur lokal als echtes Problem auf. Unbedingt Kompost, aber auch Blumenerde in Töpfen auf Engerlinge kontrollieren – die werden die künftigen Käfer. Absammeln und entsorgen.

Noch mehr Antworten auf die wichtigsten Gartenfragen finden Sie in dem Buch ***365 Gartenfragen und Antworten für intelligente Faule (CADMOS/avBuch Verlag)*** *und in der Zeitschrift Garten + Haus, www.garten-haus.at.*

JULI

JULI 2027

28 Montag			
29 Dienstag			
30 Mittwoch			
01 Donnerstag			
02 Freitag			
03 Samstag			
04 Sonntag		Regen am Sankt Ulrich Tag macht die Birnen stichig mad.	

Wurzel-Tag Blatt-Tag Blüten-Tag Frucht-Tag Kompost-Tag

05 Montag			
06 Dienstag			
07 Mittwoch			
08 Donnerstag			
09 Freitag			
10 Samstag			
11 Sonntag		Wie es die sieben Brüder treiben, soll es noch sieben Wochen lang bleiben.	

JULI 2027

12	Montag	♏
13	Dienstag	♏
14	Mittwoch	♏
15	Donnerstag	♐
16	Freitag	♐
17	Samstag	♑
18	Sonntag	♑

Wurzel-Tag Blatt-Tag Blüten-Tag Frucht-Tag Kompost-Tag

19 Montag		Vinzenz Sonnenschein füllt die Fässer mit Wein.	
20 Dienstag			
21 Mittwoch			
22 Donnerstag		Regnets am St. Magdalentag, folgt gewiss mehr Regen nach.	
23 Freitag			
24 Samstag			
25 Sonntag			

JULI 2027

26 Montag			
27 Dienstag			
28 Mittwoch			
29 Donnerstag			
30 Freitag			
31 Samstag		So wie Ignaz stellte sich ein, wird der nächste Januar sein.	
01 Sonntag			

Wurzel-Tag Blatt-Tag Blüten-Tag Frucht-Tag △ Kompost-Tag

NOTIZEN

DIE GARTENKOLUMNE

SÜDAFRIKANISCHE TRÄUME

Von Zeit zu Zeit findet bei mir im Gewächshaus das große Umsetzen statt. Über die Jahre sammeln sich da zahlreiche Pflanzen, die schon lange Zeit keine neue Erde mehr bekommen haben. So zum Beispiel ein „Ohrwaschlkaktus" (eine Opuntie), den ich vor vielen Jahren aus dem südafrikanischen Garten „Babylonstoren" als Geschenk der Gartenleiterin mitgebracht habe. Ein einziges „Ohr" und weil er im letzten Winkel des Gewächshauses stand und mehr oder weniger unbeachtet blieb, wuchs er zwischen Tisch, Regal und Fenster fast zweieinhalb Meter nach oben und unten. Den herauszubekommen war fast unmöglich. So wurde er „filetiert", und aus einem wurden fünf ... Dass dabei einige der winzig kleinen Stacheln durch die dicken Handschuhe gingen, gehört bei solchen Arbeiten zum sogenannten Kollateralschaden. Ich habe mich da an die Geschichte einer Gartenfreundin erinnert, in der sie als Kind zur Kaktus-„Friseurin" wurde. Sie hatte einige der stacheligen Freunde auf der Fensterbank gesammelt, unter anderem auch das Greisenhaupt. Doch die „Mähne" gefiel ihr ganz und gar nicht. Und so griff sie zu Kamm und Schere und verpasste dem langhaarigen Kaktus einen Bürstenhaarschnitt. Wie er reagiert hat, ist nicht überliefert. Beim Herausoperieren der Stacheln aus meinen Fingern, nach dem Umpflanzen der Opuntie, habe ich jedenfalls auch an eine Ganzkörperrasur des Südafrikaners gedacht. Nun steht er aber wieder für die nächsten Jahre im neuen Topf und darf wachsen und Stacheln bekommen und mir die Erinnerung an Südafrika aufrechterhalten.

WICHTIGE GARTENARBEITEN im Juli

ZIERGARTEN

- ○ Nach der Hauptblüte können Sie Lavendel, Katzenminze oder Salbei kräftig zurückschneiden – das sorgt für einen kompakten Wuchs und oft für eine zweite, spätere Blüte.
- ○ Entfernen Sie Samenstände bei Stauden wie Frauenmantel oder Storchschnabel, wenn Sie eine unkontrollierte Selbstaussaat vermeiden möchten.
- ○ Staudenbeete sollten jetzt regelmäßig kontrolliert und ausgelichtet werden, damit genügend Luft zirkuliert und Pilzkrankheiten keine Chance haben.
- ○ Entfernen Sie verblühte Rosenblüten konsequent, damit die Pflanzen ihre Kraft in neue Knospen investieren können.

OBSTGARTEN

- ○ Die Ernte von Marillen, Sauerkirschen und frühen Zwetschken erreicht jetzt ihren Höhepunkt – ernten Sie regelmäßig, um Überreife und Fruchtfall zu vermeiden.
- ○ Bei starkem Fruchtbehang kann ein vorsichtiges Ausdünnen sinnvoll sein, damit die verbleibenden Früchte besser ausreifen und größer werden.
- ○ Entfernen Sie Fruchtmumien und kranke Früchte sofort, um Infektionsquellen für das kommende Jahr zu reduzieren.
- ○ Nach der Ernte von Beerensträuchern wie Himbeeren oder Ribisel sollten alte, abgeerntete Triebe bodennah entfernt werden.

GEMÜSEGARTEN

- ○ Ernten Sie Fruchtgemüse wie Tomaten, Gurken oder Zucchini möglichst regelmäßig, da dies die Bildung neuer Früchte deutlich fördert.
- ○ Bei Tomaten sollten Sie weiterhin konsequent ausgeizen und die Pflanzen gut anbinden, damit sie stabil wachsen und gut belichtet sind.
- ○ Jetzt ist der ideale Zeitpunkt, um Herbstgemüse wie Endivien, Chinakohl oder Radicchio zu pflanzen oder zu säen.
- ○ Schattieren Sie empfindliche Kulturen wie Salat oder Jungpflanzen, um ein „Schossen" durch Hitze zu vermeiden.

ZIMMERGARTEN

- ○ Zimmerpflanzen wie *Monstera*, *Ficus* oder *Calathea* benötigen jetzt eine gleichmäßige Wasserversorgung – prüfen Sie die Erde regelmäßig, ohne sie zu vernässen.
- ○ Bei starker Sonneneinstrahlung sollten Pflanzen nicht direkt am Südfenster stehen, da es zu Blattverbrennungen kommen kann.
- ○ Kakteen und Sukkulenten verbringen den Sommer nach einer vorsichtigen Abhärtung gerne im Freien.
- ○ Kontrollieren Sie Pflanzen gründlich auf Schädlinge wie Spinnmilben oder Thripse, die sich bei Hitze und geringer Luftfeuchtigkeit schnell vermehren.
- ○ Reinigen Sie Blätter vorsichtig von Staub, damit die Photosyntheseleistung erhalten bleibt.

ROSEN-BEGLEITER im Porträt

Foto © Flower_Garden/Shutterstock.com

Storchschnabel (*Geranium × cantabrigiense*)

Storchschnabel ist ein robuster, flächig wachsender Begleiter für Rosen, der durch seine geschlossene Wuchsform Ruhe in das Beet bringt. Die niedrigen Polster entwickeln sich rasch zu dichten Beständen und bedecken den Boden gleichmäßig. Im Frühsommer erscheinen zahlreiche kleine Blüten, die je nach Sorte in Weiß- bis Rosatönen leuchten und sich harmonisch in die Pflanzung einfügen.

Für die Verwendung eignet sich Storchschnabel besonders als Unterpflanzung oder als verbindendes Element zwischen einzelnen Rosen. Er nimmt dem Beet optisch die Strenge, verhindert offene Bodenstellen und sorgt für ein ausgeglichenes Gesamtbild. Gleichzeitig reduziert er den Pflegeaufwand, da Unkraut weniger Raum findet.

Der Standort kann sonnig bis halbschattig sein. Die Pflanze ist anpassungsfähig, bevorzugt jedoch lockere, humose Böden mit gleichmäßiger Feuchtigkeit. Kurzzeitige Trockenheit wird gut überstanden, auch unter Gehölzen oder in Randbereichen entwickelt sich Storchschnabel zuverlässig.

Nach der Hauptblüte kann ein Rückschnitt erfolgen, der einen frischen Austrieb fördert und den Bestand kompakt hält. Die Pflanze bleibt über Jahre hinweg stabil und bildet mit der Zeit geschlossene Flächen.

Storchschnabel verbindet Pflanzungen auf unaufdringliche Weise und sorgt dafür, dass Rosen auch nach der Hauptblüte eingebettet wirken und nicht isoliert im Beet stehen.

ENGLISCHE ROSE im Porträt

Foto © David Austin Roses *Limited*

The Poet's Wife™ (Auswhirl)

The Poet's Wife™ bringt mit ihren leuchtend gelben Blüten eine klare Farbwirkung in den Garten. Die dicht gefüllten Rosetten öffnen sich in warmem Gelb, das zur Mitte hin intensiver wird und den Blüten eine besondere Tiefe verleiht.
Die Blüten erscheinen ab dem Frühsommer in reicher Folge und wiederholen sich zuverlässig über viele Wochen hinweg. Dadurch bleibt die Pflanze über die gesamte Saison hinweg präsent und sorgt für eine konstante Farbwirkung im Beet.
Der Duft ist ausgeprägt und verändert sich im Verlauf der Blüte. Zunächst dominieren frische, zitronige Noten, später entwickelt sich eine weichere, süßere Nuance.
Der Strauch wächst kompakt und rund mit gesundem, glänzendem Laub und erreicht etwa 1, 2 m Höhe. Damit eignet sich die Sorte gut für kleinere Gärten oder für den vorderen bis mittleren Beetbereich, wo sie ihre Leuchtkraft gezielt entfalten kann.
Ein sonniger, luftiger Standort mit nährstoffreichem, durchlässigem Boden unterstützt Blühfreude und Vitalität. Die Sorte zeigt sich standfest und bleibt auch bei wechselnden Witterungsbedingungen stabil im Wuchs.

Die klare Blütenfarbe setzt gezielte Akzente im Beet und lässt sich gut mit zurückhaltenden Begleitpflanzen kombinieren. So entsteht eine ausgewogene Pflanzung, in der die Rose als heller Mittelpunkt wirkt, ohne dominant zu werden.
Die Sorte eignet sich auch gut für Pflanzungen in Sitzplatznähe, wo Farbe und Duft gleichermaßen wahrgenommen werden können.

Lavagestein-Granulat aus Lanzarote – links nass, rechts trocken. Foto © raredarya/Shutterstock

VULKANKRAFT FÜR DIE PFLANZEN

Es gibt sie seit Millionen von Jahren, aber gerade in den letzten Jahren bekommen Vulkangesteine eine zunehmende Bedeutung im Gartenbau. Einerseits, weil im Pflanzenschutz die Chemie verbannt und auf Biomittel gesetzt wird, andererseits, weil Erden immer weniger Torf enthalten (dürfen) und Stoffe gesucht werden, die Wasser speichern und den Boden locker halten. Hier die Vulkangesteine, die Pflanzen Kraft geben:

Lava

Seit langer Zeit ist Lava in vielen Spezialerden ein wesentlicher Bestandteil. Bei Kakteen-, bei Orchideen- oder auch bei Bonsaierden wird dieses extrem poröse Gestein schon seit Langem beigemengt. Es hält das Substrat locker, speichert Wasser, ohne dass es zu Staunässe kommt. Oft wird Lava aber auch als Mulchmaterial in mediterranen Beeten oder bei Töpfen als Dekoration und Schutz vor Verdunstung aufgebracht.

Bims

Bims ist noch leichter als Lava und die wasserspeichernden Eigenschaften sind noch besser. Daher findet man dieses Vulkangestein zunehmend in den Geschäften. So wie Lava wird es meist im Tagebau abgebaut – ist also „ohne Chemie" und mit wenig Energie verfügbar. In Europa sind die bekanntesten Bergbaubetriebe, die Bims abbauen, in der Eifel und auf Sizilien. Angeboten wird Bims in unterschiedlichen Größen, von sand- über kiesförmig bis hin zu größeren Steinen, die auch als Dekoration in Terrarien oder Aquarien eingesetzt werden.

Tuff

Tuffgestein wird häufig als Baumaterial im Garten (aber nicht nur dort) eingesetzt. Es kann leicht bearbeitet werden, ist aber nicht frostfest, sodass man es häufig in mediterranen Gärten verwendet, wo es keinen Winter gibt. Als Beimischung in Erden findet man es häufig in Kakteensubstraten.

Zeolith

Seit vielen Jahren wird Zeolith in der Medizin verwendet, zunehmend bekommt es in der Landwirtschaft und im Gartenbau eine große Bedeutung, denn die Eigenschaften dieses Vulkangesteins sind außerordentlich: Es kann enorme Mengen an Wasser und Nährstoffen aufnehmen und die Pflanzenwurzeln holen sie sich aus dem Gestein. Die Speicherkraft ist deshalb so gewaltig, weil die Kristallstruktur unfassbar groß ist. Ein Gramm Zeolith hat eine innere Oberfläche von 400 Quadratmetern (!!!). Als feines Pulver kommt es zum Kompost, was Nährstoff speichert und Geruch bindet. In gröberer Struktur direkt in die Erde.

Tuff-mit hohem Eisenghalt – daher die rostbraune Farbe. Foto © Tatiana Foxy/Shutterstock

Chabasit

Auf der Suche nach Ersatz für umweltfreundliche Pflanzenschutzmittel kam man auf dieses Vulkangestein (ein Zeolith). Fein vermahlen mischt man es mit Wasser und sprüht es über die Blätter. Die Pflanzen werden (rein mechanisch und ohne Chemie) vor Hitzeschäden und Pilzkrankheiten geschützt, zum Beispiel der Kraut- und Braunfäule bei Tomaten oder dem Mehltau. Besonders gute Abwehreigenschaften weist Chabasit aber auch gegen Schädlinge auf – Blattläuse, Wanzen, Weiße Fliegen etc. vertragen die winzigen, aber sehr scharfen Kristalle nicht und wandern ab.

Zeolith-Granulat. Foto © Tatiana Foxy/Shutterstock

Bims-Granulat. Foto © Lamsorn/Shutterstock

Chabasit-Gestein. Foto © Hasse P/Shutterstock

DER GARTEN HAT ANGERICHTET – ES KANN GEERNTET WERDEN!

Der Juli ist jener Monat, in dem der Garten zur reich gedeckten Tafel wird. Was im Frühjahr gesät, gepflanzt und oft auch mit ein wenig Geduld begleitet wurde, steht jetzt in voller Pracht bereit. Wer jetzt durch den Garten geht, braucht eigentlich nur noch zugreifen – frischer, aromatischer und vielfältiger kann Küche kaum sein.

Ernten, was das Herz begehrt

Zucchini wachsen beinahe über Nacht, Paradeiser färben sich in warmen Rottönen und auch Gurken, Bohnen und erste Karotten wandern täglich in den Erntekorb. Im Beerensträucher-Bereich leuchten Himbeeren und Ribisel, und selbst im Kräutergarten herrscht Hochbetrieb: Basilikum, Schnittlauch, Thymian und Co. liefern jetzt ihr intensivstes Aroma. Wer regelmäßig erntet, sorgt ganz nebenbei dafür, dass die Pflanzen weiter Blüten und Früchte ansetzen – ein einfacher Trick mit großer Wirkung.
Doch so verlockend die Fülle auch ist: Jetzt ist auch der richtige Zeitpunkt, bewusst mit der Ernte umzugehen. Frisch genießen steht an erster Stelle, aber vieles lässt sich auch wunderbar haltbar machen. Kräuter können getrocknet oder eingefroren werden, Beeren zu Marmeladen verarbeitet, Gemüse eingelegt oder eingekocht. Der Juli ist damit nicht nur ein Monat des Genusses, sondern auch der Vorratshaltung – ganz im Sinne echter Selbstversorgung.

Genießen und vorausdenken

Während geerntet wird, darf die Pflege nicht zu kurz kommen. Gerade an heißen Tagen brauchen viele Pflanzen ausreichend Wasser – am besten in den frühen Morgenstunden. Eine Mulchschicht hilft, die Feuchtigkeit im Boden zu halten und schützt zusätzlich vor Überhitzung. Im Gegenzug danken es die Pflanzen mit gleichmäßigem Wachstum und gesunden Früchten. Auch der Blick nach vorne lohnt sich. Freie Flächen im Gemüsegarten können jetzt neu genutzt werden – etwa für schnell wachsende Kulturen wie Salate, Radieschen oder Spinat für die Herbsternte. So bleibt der Garten bis weit in den Herbst hinein produktiv.
Und dann ist da noch das vielleicht Wichtigste: das bewusste Erleben. Der Garten im Juli ist kein Arbeitsplatz im klassischen Sinn, sondern ein Ort des Genusses. Ein paar Beeren direkt vom Strauch, eine sonnengereifte Tomate noch warm von der Pflanze – das sind die kleinen Momente, die den Unterschied machen.

Der Garten hat angerichtet. Nehmen Sie Platz!

Es kann geerntet werden! Foto © VH-studio/Shutterstock

REZEPT des Monats

TOPFENNOCKERL MIT MARILLENRÖSTER

Zutaten

250 g Topfen	*Butterbrösel:*	*1 Pkg. Vanillezucker*
1 Ei	*2 EL Semmelbrösel*	*Staubzucker*
4 EL Mehl	*Etwas Butter*	*Marillenröster*

Zubereitung

Topfen, Ei und Mehl verrühren. Die Masse kurz ziehen lassen. Mit einem Kaffeelöffel Nockerl aus der Masse stechen und in kochendes Wasser einlegen. Etwa 5 Minuten leicht köcheln lassen. Für die Butterbrösel etwas Butter zergehen lassen und die Semmelbrösel sowie den Vanillezucker einrühren. Die Nockerl abseihen, in Butterbrösel wälzen und mit Staubzucker bestreuen. Mit Marillenröster servieren.

Fotos © Christoph Böhler, meister.photos

BUCHTIPP
des Monats

Dieser Ratgeber ist die perfekte Starthilfe für alle, die erste Schritte in Richtung Selbstversorgung machen wollen – ob auf dem Fensterbrett, Balkon oder im Garten. Mit einfachen, praxisnahen Tipps, Grundlagen zu Boden, Kompost und Pflanzenpflege sowie einem Selbsttest bietet das Buch einen unkomplizierten Einstieg in den Eigenanbau von Gemüse, Kräutern und essbaren Blüten. Ideal für Neulinge mit wenig Platz und Zeit.

Erste Schritte zur Selbstversorgung

Frische Vielfalt aus eigenem Anbau
Natur im Garten
176 Seiten
avBUCH Verlag
ISBN 978-3-8404-8130-7
€ 25, 99

FRAGEN UND ANTWORTEN rund ums Garteln

Mein großer *Ilex* verliert seit ein paar Tagen viele Blätter, zum Teil grün, zum Teil gelb. Wird er überleben?
Das sind mit großer Wahrscheinlichkeit die Nachwirkungen des trockenen Winters. Immergrüne Gehölze benötigen auch in der kalten (und leider diesmal wieder viel zu trockenen Jahreszeit) Wasser. Die Pflanze wird überleben. Gut gießen, Kompost und Mulch ausbreiten. Eventuell ein wenig schneiden.

Beim Umtopfen der Fuchsien habe ich festgestellt, dass die Pflanzen zwar austreiben und gesund aussehen, aber keine einzige Wurzel mehr haben. Ich habe sie geschnitten und gepflanzt. Wie kann ich das Problem zukünftig verhindern?
Die Engerlinge, die die Wurzeln gefressen haben, sind mit großer Wahrscheinlichkeit die des Rosenkäfers gewesen. Der legt mit großer Vorliebe seine Eier in humose, kompostreiche Erde ab. Den Winter über fressen die Tierchen, die sonst nur abgestorbenes Holz fressen, aber auch Wurzeln, wenn sie nichts anderes finden. Perfekt gemacht – Rückschnitt und neue Erde. Zunächst geschützt vor zu viel Sonne aufstellen.

Noch mehr Antworten auf die wichtigsten Gartenfragen finden Sie in dem Buch ***365 Gartenfragen und Antworten für intelligente Faule (CADMOS/avBuch Verlag)*** *und in der Zeitschrift Garten + Haus, www.garten-haus.at.*

AUGUST

Foto © Kels26/Shutterstock.com

AUGUST 2027

26 Montag			
27 Dienstag			
28 Mittwoch			
29 Donnerstag			
30 Freitag			
31 Samstag			
01 Sonntag		Ists von Petri bis Lorenzi (10. August) heiß, dann bleibt der Winter lange weiß.	

Wurzel-Tag Blatt-Tag Blüten-Tag Frucht-Tag △ Kompost-Tag

02 Montag		
03 Dienstag		
04 Mittwoch		
05 Donnerstag		Oswaldtag muss trocken sein, sonst werden teuer Korn und Wein.
06 Freitag		
07 Samstag		
08 Sonntag		

AUGUST 2027

09 Montag ♏			
10 Dienstag ♏			
11 Mittwoch ♐			
12 Donnerstag ♐			
13 Freitag ♑			
14 Samstag ♑			
15 Sonntag ♑	Mariä Himmelfahrt		

Wurzel-Tag Blatt-Tag Blüten-Tag Frucht-Tag Kompost-Tag

16 Montag		Wenn Sankt Rochus trübe schaut, kommen die Raupen in das Kraut.	
17 Dienstag			
18 Mittwoch			
19 Donnerstag			
20 Freitag			
21 Samstag			
22 Sonntag			

AUGUST 2027

23 Montag ♉ Wurzel			
24 Dienstag ♉ Wurzel		Sind Lorenz (10. August) und Bartel schön, bleiben die Kräuter noch lange stehn.	
25 Mittwoch ♉ Wurzel			
26 Donnerstag ♊ Blüte		Wenn im März die Veilchen blühn, an Ludwig oft die Schwalben ziehn.	
27 Freitag ♊ Blüte			
28 Samstag ♋ Blatt			
29 Sonntag ♋ Blatt			

Wurzel-Tag Blatt-Tag Blüten-Tag Frucht-Tag △ Kompost-Tag

30 Montag		Bischof Felix zeigt an, was wir 40 Tag für Wetter han.	
31 Dienstag			

NOTIZEN

DIE GARTENKOLUMNE

DIE „OHR"-FEIGE IM GARTEN

Wie wichtig es ist, dass Kinder möglichst früh mit dem Garteln beginnen, zeigte sich für mich einmal wieder. Bei einem Fotoshooting, wo ich mit einem Buben garteln sollte, erzählte mir der Neunjährige voller Begeisterung, dass er zwar in einer Wohnung lebt, aber auf einer nahe gelegenen Wiese eines Bauern ein kleines Gemüsebeet anlegen durfte. Für ihn war ganz klar, dass in dem Hochbeet, das wir bepflanzten, Schnittlauch, Radieschen und Salat wuchsen und er erkannte alles sofort. Seine Freude war ihm im Gesicht anzusehen, denn jedes einzelne Foto war perfekt – Lächeln auf Knopfdruck sozusagen –, immerhin hatten wir die frisch geernteten knackigen Radieschen vor Augen. Meine Frau unternahm mit seiner viel kleineren Schwester zwischenzeitlich einen Gartenrundgang, und die zeigte sich ebenfalls von der Vielfalt begeistert und war voller Phantasie: Da ein Lebkuchenbaum – „Wachsen da wirklich die Lebkuchen?" –, dort ein Orangenbaum – „Mit großen Orangen?" –, bis die beiden zur Feige kamen, die der Kleinen bisher offenbar nie untergekommen war. „Hat die etwas mit einer Ohrfeige zu tun?", fragte die kleine Naturinteressierte ein wenig skeptisch. Die derzeit im Übermaß reifenden süßen Früchte an dem großen Strauch brachten dann Klarheit.

In Zukunft gibt's bei der jungen Familie oft Feigen. Ohrfeigen sicher nicht, aber die waren auch bisher kein Thema. Gehört hatte die Kleine aber davon.

Fotos © Christoph Böhler, Olga Ilinich/Shutterstock.com

WICHTIGE GARTENARBEITEN im August

ZIERGARTEN

- ○ Spätsommerblüher wie Astern, Sonnenhut (*Echinacea*) oder Dahlien stehen jetzt im Mittelpunkt – entfernen Sie Verblühtes regelmäßig, damit die Pflanzen weiter Knospen ansetzen.
- ○ Schneiden Sie sommerblühende Sträucher wie Sommerflieder (*Buddleja*) nach der ersten Blüte leicht zurück, um eine Nachblüte zu fördern.
- ○ Achten Sie bei Kübelpflanzen wie Hibiskus oder Engelstrompete auf eine gleichmäßige Wasserversorgung und regelmäßige Düngung, da sie jetzt besonders viele Nährstoffe benötigen.
- ○ Reduzieren Sie bei mehrjährigen Pflanzen langsam die Düngergaben, damit die Triebe ausreifen und besser überwintern.

OBSTGARTEN

- ○ Die Ernte von Frühäpfeln (z. B. 'Klarapfel'), Birnen und Zwetschken beginnt – pflücken Sie die Früchte vorsichtig von Hand, um Druckstellen zu vermeiden.
- ○ Achten Sie auf den richtigen Reifezeitpunkt: Früchte sollten sich leicht vom Ast lösen, aber noch fest sein, wenn sie eingelagert werden sollen.
- ○ Empfindliche Früchte wie Marillen oder Pfirsiche sind nur kurz lagerfähig und sollten rasch verarbeitet oder frisch verzehrt werden.
- ○ Schneiden Sie abgeerntete Beerensträucher wie Himbeeren oder Ribisel aus und fördern Sie so den Austrieb für das kommende Jahr.

GEMÜSEGARTEN

- ○ Ernten Sie Tomaten, Paprika, Zucchini und Bohnen regelmäßig, damit die Pflanzen kontinuierlich neue Früchte nachbilden.
- ○ Lagerfähiges Gemüse wie Zwiebeln oder Knoblauch sollte nach der Ernte gut abtrocknen (z. B. an einem luftigen, schattigen Ort), bevor es eingelagert wird.
- ○ Säen Sie jetzt Herbst- und Wintergemüse wie Feldsalat, Spinat oder Winterrettich, um die Anbaufläche weiterhin optimal zu nutzen.
- ○ Lockern Sie den Boden nach der Ernte und arbeiten Sie bei Bedarf Kompost ein, um ihn für die nächste Kultur vorzubereiten.
- ○ Entfernen Sie abgeerntete Pflanzenreste konsequent

ZIMMERGARTEN

- ○ Halten Sie den Gießrhythmus konstant, da viele Zimmerpflanzen auch im August noch stark wachsen und entsprechend Wasser benötigen.
- ○ Pflanzen wie Zitrus, Oleander oder *Bougainvillea*, die im Freien stehen, sollten weiterhin regelmäßig gedüngt werden, da sie jetzt noch Blüten und Früchte ausbilden.
- ○ Nutzen Sie Stecklinge, etwa von Pelargonien oder *Tradescantia*, zur Vermehrung und für die Überwinterung junger Pflanzen.
- ○ Rückschnitt ist jetzt gut möglich, um Pflanzen wie Ficus oder Hibiskus in Form zu halten und einen kompakten Wuchs zu fördern.
- ○ Reduzieren Sie gegen Ende des Monats langsam die Düngergaben

ROSEN-BEGLEITER im Porträt

Foto © NataVilman/Shutterstock.com

Herbstaster (*Symphyotrichum novae-angliae, Alster n.-a.*)

Herbstastern bringen im Spätsommer und Frühherbst frische Farbe in das Rosenbeet und setzen mit ihren leuchtenden Blüten klare Akzente. Die aufrechten Stängel tragen zahlreiche Blüten in Blau-, Violett- oder Rosatönen und bilden einen wirkungsvollen Kontrast zu den weich geformten Rosenblüten.

Für die Pflanzung eignen sich Herbstastern besonders im Hintergrund oder als strukturgebende Gruppenpflanzung. Sie geben dem Beet Höhe und Tiefe und sorgen dafür, dass die Pflanzung auch gegen Saisonende präsent bleibt. Gleichzeitig verbinden sie spätsommerliche und herbstliche Blühphasen.

Der Standort sollte sonnig und gut durchlüftet sein, mit einem nährstoffreichen, ausreichend frischen Boden. Trockenphasen werden besser vertragen als bei vielen anderen Astern, gleichmäßige Feuchtigkeit fördert jedoch eine stabile Entwicklung. Ein Rückschnitt im Frühjahr sorgt für kompakte Pflanzen und eine sichere Standfestigkeit.

Herbstastern entwickeln sich über die Jahre zu kräftigen Horsten und bleiben bei passendem Standort zuverlässig. Ihre späte Blütezeit macht sie zu einer wichtigen Ergänzung in Rosenpflanzungen, die über den Sommer hinaus Wirkung zeigen sollen.

In größeren Gruppen gepflanzt, entsteht eine geschlossene Blütenfläche, die das Beet zusammenhält und farblich strukturiert, ohne die Rosen zu überdecken.

ENGLISCHE ROSE im Porträt

Foto © David Austin Roses *Limited*

Gabriel Oak (Auscrowd)

Gabriel Oak zeichnet sich durch eine besonders intensive Farbwirkung aus. Die dicht gefüllten Blüten erscheinen in tiefem Rosenrosa, das zur Mitte hin noch kräftiger wird und den Blüten eine ausgeprägte Tiefe verleiht.

Die Blüten erscheinen ab dem Frühsommer in reicher Folge und kehren in mehreren Wellen zurück. Dadurch bleibt die Pflanze über einen langen Zeitraum hinweg präsent und sorgt für eine gleichmäßige, satte Farbwirkung im Beet. Der Duft ist kräftig und fruchtig und wird vor allem an warmen Tagen deutlich wahrnehmbar.

Der Strauch wächst breit und buschig mit gesundem, mittelgrünem Laub und erreicht etwa 1, 5 m Höhe und Breite. Damit eignet sich die Sorte gut für großzügigere Pflanzungen oder als strukturgebendes Element im mittleren Beetbereich. Auch als Solitär innerhalb einer Staudenpflanzung entfaltet sie ihre volle Präsenz.

Ein sonniger, luftiger Standort mit nährstoffreichem, gut durchlässigem Boden unterstützt Blühfreude und Vitalität.
Die Sorte zeigt sich stabil im Wuchs und entwickelt mit der Zeit eine gleichmäßige, geschlossene Form.

In sonnigen Lagen kann sich die intensive Blütenfarbe voll entfalten. Sie bringt Tiefe in das Beet und lässt sich gut mit kühleren Farbpartnern kombinieren. So entsteht ein spannungsvolles Farbspiel, in dem die Rose als kräftiger Farbträger wirkt und der Pflanzung eine klare, farbliche Struktur verleiht.

BUNTE BLÄTTER – NICHT NUR IM HERBST

Der bevorstehende Herbst ist die Zeit der bunten Blätter. Doch eine Blattpflanze ist das ganze Jahr über attraktiv: *Hosta*, im Deutschen auch Funkie oder Herzblattlilie, ist eine Staude, die in Gärten seit Jahrzehnten geschätzt wird. Ihre beeindruckende Vielfalt, robuste Anpassungsfähigkeit und die dekorativen Eigenschaften machen sie zu einer immer beliebteren Pflanze, die auch dann einen Blickpunkt im Garten bildet, wenn sonst wenig blüht. Acht Gründe sprechen für diese Pflanze:

1. Vielfältige Blattstrukturen und Farben

Von winzig kleinen Exemplaren, die bonsaiartig in Schalen Blicke auf sich ziehen, bis hin zu riesigen Exemplaren, die Blätter mit bis zu 50 cm Größe aufweisen – so umfangreich ist die Palette. Besonders beliebt sind die Sorten, bei denen die Blüten einen zarten, aber einzigartigen Duft verströmen. Unter Sammlern spricht man bereits von mehr als 4.000 Sorten, die registriert sind.

2. Eine Pflanze mit österreichischen Wurzeln

Ursprünglich waren diese Pflanzen in Asien daheim. Als Österreicher können wir ein wenig stolz sein: Der Namensgeber Nicolaus Thomas Host – er lebte von 1761 bis 1834 – war Leiter des Gartens im Belvedere und unternahm viele botanische Reisen. Und damit unsere deutschen Freunde nicht traurig sind: Der deutsche Botaniker Heinrich Christian Funck ist der Namensgeber des landläufigen deutschen Namens.

3. Schattenverträglichkeit

Viele Gartenbereiche sind schattig oder halbschattig – genau hier fühlen sich Hostas wohl. Sie gedeihen an Standorten, an denen andere Pflanzen oft Schwierigkeiten haben. So eröffnen sie Gestaltungsoptionen für Bereiche unter Bäumen, an Nordseiten oder in Innenhöfen, wo sonst wenig blüht.

So und noch bunter zeigt sich die Hosta-Vielfalt. Foto © meunierd/Shutterstock

Typische Blütenenpracht in lila. Foto © photoPOU/Shutterstock

Hosta passt gut zu Astilben. Foto © Razumhelen/Shutterstock

4. Anspruchslosigkeit und Robustheit

Hostas sind äußerst pflegeleicht und widerstandsfähig. Sie benötigen weder spezielle Böden noch aufwendige Pflege. Einmal eingewurzelt, sind sie langlebig und können Jahrzehnte an ihrem Standort verbleiben. Einzig wirklich lästige Gegner sind die Schnecken. Da heißt es immer schon im Herbst abzusammeln bzw. biologisches Schneckenkorn zu streuen.

5. Vielseitige Verwendungsmöglichkeiten

Ob als Solitärpflanze, als Teil eines gemischten Staudenbeets oder in Töpfen (wegen der Schneckensicherheit) – Hostas passen sich vielfältigen Gestaltungsideen an. Sie sind hervorragende Bodendecker und lassen sich als Randbepflanzung einsetzen.

6. Harmonische Kombination mit anderen Pflanzen

Hostas lassen sich problemlos mit anderen Schattenpflanzen wie Farnen, Astilben, Heuchera oder Gräsern kombinieren. Dadurch entstehen harmonische Pflanzengesellschaften, die das ganze Jahr über attraktiv bleiben. Die kontrastreichen Blätter setzen andere Blüten oder Strukturen gekonnt in Szene.

7. Positive ökologische Wirkung

Die Blüten von Hostas bieten Bienen, Hummeln und anderen Bestäubern Nahrung. Die dichten Blattpolster schaffen Unterschlupf für Kleintiere und Insekten. So leisten Hostas einen aktiven Beitrag zur Förderung der Biodiversität im heimischen Garten.

8. Winterhärte und Langlebigkeit

Hostas sind in der Regel winterhart und überstehen auch strenge Fröste problemlos. Im Herbst ziehen sie sich zurück und treiben im Frühjahr zuverlässig wieder aus. Ihre Langlebigkeit und Widerstandsfähigkeit machen sie zu einer lohnenden Investition – auch für Kleingärten und anspruchsvolle Standorte.

SCHATTENPLÄTZE – DIE STILLEN STARS DES SOMMERS

Wenn im August die Sonne vom Himmel brennt und viele Pflanzen eine kleine Pause einlegen, zeigen sich die wahren Qualitäten des Gartens oft im Verborgenen. Dort, wo das Licht gefiltert durch Blätter fällt, wo es kühler ist und die Luft ein wenig feuchter bleibt, entsteht eine ganz eigene Gartenwelt: der Schatten.

Kühle Oasen gestalten

Schatten ist nicht gleich Schatten. Vom lichten Halbschatten unter locker belaubten Gehölzen bis zum tiefen Schatten an Nordseiten von Gebäuden reicht die Palette. Wer diese Unterschiede versteht, kann gezielt gestalten – und wird mit überraschend lebendigen Pflanzbildern belohnt. Funkien, Farne, Astilben oder Waldgräser lieben diese Bedingungen und danken es mit üppigem Blattwerk und ruhiger Eleganz.

Gerade im Hochsommer zeigt sich der Vorteil solcher Pflanzungen: Während sonnenexponierte Beete oft zusätzlichen Wasserbedarf haben, bleiben Schattenbereiche länger frisch. Eine Mulchschicht unterstützt diesen Effekt zusätzlich. Der Pflegeaufwand ist meist geringer – und der Garten gewinnt an Vielfalt.

Ein Platz zum Durchatmen

Doch Schatten ist mehr als ein Standortfaktor – er ist ein Erlebnisraum. An heißen Tagen wird der schattige Sitzplatz unter einem Baum oder neben üppigen Blattpflanzen zum liebsten Ort im Garten. Hier lässt es sich durchatmen, beobachten und zur Ruhe kommen. Das Spiel von Licht und Schatten, das Rascheln der Blätter, die gedämpften Farben – all das schafft eine Atmosphäre, die im Sommer besonders wohltuend ist.

Auch gestalterisch lohnt es sich, diese Bereiche bewusst hervorzuheben. Helle Blattstrukturen, unterschiedliche Grüntöne und gezielt eingesetzte Akzente – etwa mit dezenten, warmen Lichtquellen für den Abend – bringen Tiefe in den Schatten, ohne ihn zu zerstören. Wichtig dabei: Licht sollte sparsam und gezielt eingesetzt werden, um die natürliche Ruhe und auch die Tierwelt nicht zu stören.

Und schließlich zeigt sich im Schatten oft die eigentliche Qualität eines Gartens. Nicht die grellen Farben oder die größten Blüten stehen im Mittelpunkt, sondern Struktur, Blatt und Stimmung. Wer sich darauf einlässt, entdeckt eine Seite des Gartens, die gerade im August ihre ganz besondere Stärke entfaltet.

Der Schatten ist kein Rückzugsort für Pflanzen, die „nichts aushalten". Er ist ein eigener Garten – leise, kühl und voller Leben.

Farne lieben Schattenplätze. Foto © Razumhelen/Shutterstock

REZEPT des Monats

ITALIENISCHES TOMATENSUGO

Zutaten

500 g pürierte Tomaten
200 g Faschiertes
2 EL Butter
½ l Milch
1 scharfe Peperoni
Salz, Pfeffer

Zubereitung

Das Faschierte in Butter anrösten und mit Salz und Pfeffer abschmecken. Eventuell eine klein geschnittene Peperoni dazugeben. Mit Milch aufgießen und einkochen lassen. Das Tomatenpüree dazugeben und die Sauce bei mittlerer Hitze eindicken lassen.

Fotos © Christoph Böhler, Zuzana Fajmonova/ Shutterstock

BUCHTIPP des Monats

Kein großer Park, kein Gemüseacker, ja nicht einmal ein Stück Garten hinter dem Reihenhaus. Kein Problem! „Garteln ohne Garten" zeigt, wie man auf kleinster Fläche in der Wohnung, auf dem Balkon oder der Terrasse mit Pflanzen eine angenehme Atmosphäre und ein besseres Raumklima schaffen kann. Daneben lässt sich auch vieles ernten: Kräuter, Gemüse, Beeren und Obst. Das grüne Paradies, von dem alle Urban Gardeners träumen.

Garteln ohne Garten

Drinnen und draußen
Karl Ploberger
144 Seiten
avBUCH Verlag
ISBN 978-3-8404-7582-5
€ 14, 99

FRAGEN UND ANTWORTEN rund ums Garteln

Meine rosarote Hortensie hat ganz braune Blattränder. Soll ich sie kräftig zurückschneiden?
Nein, keinesfalls. Die braunen Blätter sind ein typischer Hitzeschaden. Würde man diese Bauernhortensien (die rosaroten, strahlend weißen und blauen gehören dazu) aber jetzt schneiden, gäbe es im kommenden Jahr keine Blüten. Nur im Frühjahr die vertrockneten Triebe entfernen, mehr nicht. Achten Sie stattdessen auf eine gleichmäßige Wasserversorgung und einen halbschattigen Standort, damit sich die Pflanze wieder gut erholen kann.

Ich dachte, ich träume: Nun sind tatsächlich auch bei mir die Chinesischen Reiswanzen aufgetaucht. Die Tomaten sind angebissen und ungenießbar. Erde austauschen oder was tun?
Ein Bodenaustausch ist nicht notwendig, da die Tiere nicht im Boden leben, sondern oberirdisch an den Pflanzen saugen. Wichtig ist vielmehr, die Wanzen frühzeitig abzusammeln und befallene Früchte zu entfernen. Bei stärkerem Auftreten können sogenannte Schlupfwespen (*Trissolcus basalis*) ausgebracht werden (z. B. über Biohelp) – sie parasitieren die Eigelege. Nach vier Wochen wiederholen.

Lohnt es sich zu dieser Jahreszeit noch, die Schnecken zu bekämpfen? Bisher war es ein absolut schneckenarmes Jahr, nun aber sind einige zu sehen!
Ja, unbedingt: absammeln und vernichten und zur Vorsicht punktuell ein biologisches Schneckenkorn streuen. Die Eiablage wird so verhindert.

Noch mehr Antworten auf die wichtigsten Gartenfragen finden Sie in dem Buch ***365 Gartenfragen und Antworten für intelligente Faule (CADMOS/avBuch Verlag)*** *und in der Zeitschrift Garten + Haus, www.garten-haus.at.*

Foto © Christoph Böhler

SEPTEMBER

Foto © Sergey V Kalyakin/Shutterstock.com

SEPTEMBER 2027

30 Montag			
31 Dienstag			
01 Mittwoch		Gib auf Ägidius wohl Acht, er sagt dir, was der Monat macht.	
02 Donnerstag			
03 Freitag			
04 Samstag		Zu Sankt Veit (15. Juni) gehts auf die Weid, Sankt Rosal treibts Vieh ins Tal.	
05 Sonntag			

Wurzel-Tag Blatt-Tag Blüten-Tag Frucht-Tag Kompost-Tag

SEPTEMBER 2027

06 Montag			
07 Dienstag			
08 Mittwoch		Zu Mariä Geburt fliegen die Schwalben furt. Bleiben sie noch da, ist der Winter nicht nah.	
09 Donnerstag			
10 Freitag			
11 Samstag			
12 Sonntag			

SEPTEMBER 2027

13 Montag			
14 Dienstag			
15 Mittwoch ♓			
16 Donnerstag ♓			
17 Freitag ♈			
18 Samstag ♈			
19 Sonntag ♉			

Wurzel-Tag Blatt-Tag Blüten-Tag Frucht-Tag Kompost-Tag

20 Montag

21 Dienstag

Tritt Matthäus stürmisch ein,
wirds bis Ostern Winter sein.

22 Mittwoch

23 Donnerstag

24 Freitag

25 Samstag

26 Sonntag

SEPTEMBER 2027

27 Montag ♌		Fallen die Eicheln vor Michael (29. September) ab, so steigt der Sommer früh ins Grab.	
28 Dienstag ♍			
29 Mittwoch ♍			
30 Donnerstag ♎		Von Michel und Hieronymus mach aufs Weihnachtswetter Schluss.	
01 Freitag ♎			
02 Samstag ♏			
03 Sonntag ♏			

Wurzel-Tag Blatt-Tag Blüten-Tag Frucht-Tag Kompost-Tag

NOTIZEN

DIE GARTENKOLUMNE

SPAZIERGANG DER ERINNERUNG

Es gehört für mich schon zu einer lieb gewordenen Tradition: Im Rahmen der Aktion „Betreutes Reisen" des OÖ. Roten Kreuzes fahre ich immer wieder bei Reisen mit, um dort Menschen zu betreuen, die allein nicht reisen könnten. Oft war ich schon in Opatija in Kroatien. Zusammen mit den freiwilligen Helferinnen und Helfern des Roten Kreuzes gibt es für die TeilnehmerInnen eine willkommene Abwechslung vom Alltag, denn fast alle benötigen die eine oder andere Hilfe, um überhaupt noch aus der Wohnung zu kommen. Beim Spaziergang durch den Park Angelina, vorbei an Bambus, immergrünen Magnolien und den für Opatija so bedeutenden Kamelien (die im Herbst voller Knospen waren) wurden viele Geschichten erzählt. Wie sehr sie doch alle gern im Garten waren, was sie nicht alles angesetzt hatten und wie viel jedes Jahr geerntet wurde. Heute, so sagen viele, sind es die Balkonblumen oder der Blumenstrauß, der die Erinnerung an das grüne Paradies aufrechterhalten.

Ja, bis auf eine besonders rüstige Teilnehmerin, die weit über 80 Jahre alt war. Sie ist nach wie vor aktiv, pflegt ihren 3.000 Quadratmeter großen Garten allein und genießt den „Urlaub" vom Garten ganz besonders. Aber nach zwei Tagen meinte sie schon: „Irgendwie geht mir was ab, wenn ich nicht gleich nach dem Frühstück hinausgehen kann und Unkraut zupfe oder gieße. Da vergesse ich ganz, dass mir Knie und Hüfte wehtun, dass ich die Finger nicht mehr gut bewegen kann und dass ich beim Bücken Probleme habe – der Garten ist mein Medikament. Mit einer Nebenwirkung: Sogar ich habe noch manchmal Muskelkater", erzählte sie mit einem Lächeln und überlegte schon, ob sie nicht doch noch eine so großartige Immergrüne Magnolie (*Magnolia grandiflora*, s. Foto) pflanzen soll.

WICHTIGE GARTENARBEITEN im September

ZIERGARTEN

- Pflanzen Sie jetzt frühjahrsblühende Zwiebeln wie Tulpen, Narzissen oder Krokusse, damit sie vor dem Winter gut einwurzeln und im Frühjahr zuverlässig austreiben.
- Stauden wie Phlox, Astern oder Taglilien können jetzt geteilt und an neue Standorte gesetzt werden, da der Boden noch warm genug ist.
- Schneiden Sie abgeblühte Stauden zurück, lassen Sie aber bei dekorativen Arten wie Ziergräsern oder Fetthenne die Samenstände als Struktur für den Winter stehen.
- Der Rasen kann jetzt ein letztes Mal intensiv gepflegt werden – vertikutieren, nachsäen und düngen stärkt ihn für die kalte Jahreszeit.

OBSTGARTEN

- Die Haupternte von Äpfeln, Birnen und späten Zwetschken ist jetzt in vollem Gange – pflücken Sie die Früchte möglichst schonend von Hand.
- Lagern Sie nur unbeschädigte Früchte ein und legen Sie diese einzeln in flache Kisten, damit Druckstellen vermieden werden.
- Birnen sollten oft etwas früher geerntet und nachgereift werden, da sie am Baum schnell mehlig werden können.
- Halten Sie Lagerobst weiterhin getrennt von empfindlichem Gemüse, da das Reifegas Ethylen die Haltbarkeit anderer Kulturen verkürzt.

GEMÜSEGARTEN

- Ernten Sie Lagergemüse wie Karotten, Rote Rüben oder Sellerie an trockenen Tagen und lassen Sie sie vor dem Einlagern leicht abtrocknen.
- Lagern Sie Wurzelgemüse idealerweise in feuchtem Sand oder in Erdmieten, um es über den Winter frisch zu halten.
- Späte Kulturen wie Kürbis oder Lagerkraut sollten möglichst lange im Beet bleiben, aber vor dem ersten Frost geerntet werden.
- Säen Sie jetzt Gründüngung wie *Phacelia* oder Senf, um den Boden zu lockern und Nährstoffe zu binden.

ZIMMERGARTEN

- Holen Sie empfindliche Pflanzen wie Zitrus, Hibiskus oder *Bougainvillea* rechtzeitig ins Haus, bevor die Nachttemperaturen deutlich sinken.
- Kontrollieren Sie Pflanzen vor dem Einräumen gründlich auf Schädlinge, diese nicht ins Haus einzuschleppen.
- Gewöhnen Sie Pflanzen langsam an die veränderten Lichtverhältnisse im Innenraum, indem Sie sie zunächst heller stellen.
- Stellen Sie die Düngung bei vielen Arten langsam ein, damit die Pflanzen in die Ruhephase übergehen können.
- Achten Sie auf ausreichende Luftfeuchtigkeit, besonders bei beginnender Heizperiode.

ROSEN-BEGLEITER im Porträt

Foto © Mira Drozdowski/Shutterstock.com

Herbst-Anemone (*Anemone hupehensis*)

Herbst-Anemonen bringen eine besondere Leichtigkeit in das spätsommerliche und herbstliche Rosenbeet. Ihre zarten, schalenförmigen Blüten scheinen über dem Laub zu schweben und setzen mit ihren klaren Weiß- oder Rosatönen ruhige, helle Akzente.

Für die Pflanzung eignen sich Herbst-Anemonen vor allem im Hintergrund oder in lockeren Gruppen zwischen Rosen. Ihre aufrechten, dabei beweglichen Blütenstiele durchbrechen kompaktere Strukturen und sorgen für ein lebendiges, aber unaufgeregtes Gesamtbild. Gleichzeitig verlängern sie die Blütezeit des Beetes deutlich in den Herbst hinein.

Der Standort sollte sonnig bis halbschattig sein, mit einem humosen, ausreichend frischen Boden. Gleichmäßige Feuchtigkeit fördert eine kontinuierliche Entwicklung, Staunässe sollte vermieden werden. Einmal etabliert, bilden die Pflanzen dichte Horste und breiten sich langsam aus. Herbst-Anemonen entwickeln sich über die Jahre zu stabilen Beständen und wirken besonders in Kombination mit spät blühenden Rosen. Ihre luftige Erscheinung nimmt kräftigen Farben die Schwere und sorgt für eine ausgewogene, ruhige Herbststimmung.

Die Art eignet sich gut für Pflanzungen mit etwas Abstand zwischen den einzelnen Stauden. So können sich die langen Blütenstiele frei entwickeln und bleiben auch bei Wind standfest. In gemischten Beeten schaffen sie eine durchlässige Struktur, die anderen Pflanzen Raum lässt und das Gesamtbild auflockert.

ENGLISCHE ROSE im Porträt

Foto © David Austin Roses

Thomas à Becket (Auswinston)

Thomas à Becket erinnert mit seiner Ausstrahlung an historische Gartenrosen. Die halbgefüllten Blüten erscheinen in tiefem Karminrot und öffnen sich zu lockeren Rosetten, in deren Mitte die goldenen Staubgefäße sichtbar werden.
Die Blüten erscheinen ab dem Frühsommer und kehren über viele Wochen hinweg immer wieder zurück. Dadurch bleibt die Pflanze auch im Spätsommer und Frühherbst präsent und fügt sich stimmig in die spätere Gartensaison ein.
Der Duft ist kräftig und warm mit klassischem Altrosencharakter.
Der Strauch wächst kräftig und aufrecht mit gesundem, dunklem Laub und erreicht etwa 1, 5 m Höhe. Damit eignet sich die Sorte gut für den mittleren bis hinteren Beetbereich sowie für naturnahe Pflanzungen mit lockerem Aufbau. Ein sonniger, luftiger Standort mit nährstoffreichem, durchlässigem Boden unterstützt Blühfreude und Vitalität. Die Sorte zeigt sich robust und entwickelt mit der Zeit eine stabile, ausgewogene Wuchsform.
Die offene Blütenform verleiht der Pflanze eine natürliche Ausstrahlung und setzt einen bewussten Kontrast zu stark gefüllten Rosensorten.
In locker aufgebauten Pflanzungen fügt sie sich harmonisch ein und bringt Struktur und Tiefe in das spätsommerliche Beet. Ihre zurückhaltend elegante natürliche Wirkung macht sie zu einer Sorte, die sich vielseitig in Staudenbeeten oder naturnahen Pflanzungen kombinieren lässt, ohne das Gesamtbild zu dominieren.

ACHT MAL SPÄTES BIENENGLÜCK

Im Spätherbst, wenn viele Blüten bereits verblüht sind und die Temperaturen sinken, wird das Nahrungsangebot für Bienen und viele andere Insekten knapp. Dennoch gibt es einige Pflanzen, die auch im späten Jahreslauf noch Pollen und Nektar liefern. Hier die wichtigsten acht Pflanzen:

1. Efeu (*Hedera helix*)

Efeu ist eine der wichtigsten späten Blühpflanzen, die erst ab September bis in den November hinein die Blüten öffnen. Die unscheinbaren, grüngelben Blüten sind für Bienen, Wildbienen und andere Bestäuber ein wahrer Magnet. Efeu gedeiht im Schatten wie in der Sonne und kann als Kletterpflanze oder Bodendecker eingesetzt werden.

2. Astern (*Aster* sp.)

Späte Sorten, wie die Raublatt-Aster (Aster novae-angliae) und die Glattblatt-Aster (A. novi-belgii), blühen bis in den November und locken zahlreiche Insekten an. Ihre leuchtenden Farben finden sich in vielen Gärten und Parks. Besonders wertvoll sind ungefüllte Blüten, da sie leicht zugänglich sind.

Nicht erkannt? Dieses hübsche Exemplar ist eine Holzbiene. Im DACH-Raum gibt es ca. 600 (Wild-) Bienenarten. Foto © Andi111/Shutterstock

3. Fetthenne (*Sedum spectabile*)

Die Fetthenne öffnet ihre Blüten oft erst Ende August und bleibt bis zum ersten Frost attraktiv für Bienen und Schmetterlinge. Ihr Standort sollte sonnig und durchlässig sein. Viele neue Sorten gibt es. Zum Beispiel die dunkellaubige 'Chocolate Cherry' oder die buntlaubige Sorte 'La Vie en Rose'.

4. Herbst-Anemone (*Anemone hupehensis*)

Diese elegante Staude öffnet ihre zarten Blüten von August bis Oktober. Sie bevorzugt halbschattige Standorte und ist robust sowie pflegeleicht.

5. Bartblume (*Caryopteris x clandonensis*)

Die Bartblume ist ein blauer, spätblühender Halbstrauch, der zwischen August und Oktober besonders von Wildbienen geschätzt wird. Sie liebt sonnige, warme Plätze. Neben blauen gibt es auch rosa Sorten.

6. Chrysanthemen (*Chrysanthemum* sp.)

Viele ungefüllte Sorten, die bis in den November hinein blühen, sind für Bienen attraktiv. Die Blüten liefern Nektar zu einer Zeit, in der das Angebot abnimmt.

7. Kapuzinerkresse (*Tropaeolum majus*)

Kapuzinerkresse blüht von Sommer bis zu den ersten Frösten. Ihre leuchtenden, offenen Blüten laden zahlreiche bestäubende Insekten ein und können auch noch im Spätherbst Nahrung bieten.

8. Katzenminze (*Nepeta* sp.)

Die Pflanze ist ein Sommerblüher, aber durch einen kräftigen Schnitt nach der ersten Blüte kann man eine Nachblüte im Herbst erreichen. Neue kleinbleibende Sorte, sie ist besonders blühfreudig und wächst quasi wie ein Bodendecker.

Blühende Efeu-Altersform Foto © Diana Hlachova/Shutterstock

Aster Foto © Masoodaslami.de/Shutterstock

Fetthenne Foto © NataliaCatalina.com/Shutterstock

Herbst-Anemone Foto © Sergey Muhlynin/Shutterstock

Bartblume Foto © Lancan/Shutterstock

Chrysantheme Foto © myoru/Shutterstock

Kapuzinerkresse Foto © Olgamir/Shutterstock

Katzenminze Foto © ALEXANDER V EVSTAFYEV/Shutterstock

DAS LICHT WIRD WEICHER – UND DER GARTEN ZEIGT SEINE ZWEITE SEELE

Der September verändert den Garten auf leise Weise. Die Tage werden kürzer, die Sonne steht tiefer – und plötzlich wirkt alles anders. Farben erscheinen wärmer, Strukturen treten stärker hervor, und selbst vertraute Gartenbereiche bekommen eine neue Tiefe. Es ist die Zeit, in der nicht mehr die Fülle, sondern das Licht die Hauptrolle übernimmt.

Wenn Strukturen sichtbar werden

Während im Hochsommer die Blüten dominieren, rücken jetzt Formen und Linien in den Vordergrund. Gräser beginnen zu schimmern, Samenstände zeichnen feine Silhouetten, und auch Blattstrukturen kommen durch das schräge Licht besonders gut zur Geltung. Es lohnt sich, jetzt bewusst hinzusehen: Wo entstehen schöne Blickachsen? Welche Pflanzen tragen den Garten auch ohne üppige Blüte?

Gerade diese Aspekte sind es, die einen Garten langfristig spannend machen. Wer nicht nur nach Farbe pflanzt, sondern auch nach Struktur, wird im Herbst mit ganz neuen Bildern belohnt. Und oft sind es gerade die ruhigen, reduzierten Szenen, die besonders wirken.

Den Garten neu entdecken

Der September lädt dazu ein, den Garten aus einer anderen Perspektive zu erleben. Ein Spaziergang am frühen Morgen, wenn Tau auf den Blättern liegt, oder ein Abend, wenn das Licht golden über die Beete fällt – das sind Momente, die im hektischen Sommer oft zu kurz kommen.

Auch kleine gestalterische Eingriffe können jetzt viel bewirken. Ein gezielt platzierter Sitzplatz, eine freie Sichtachse oder ein bewusst stehen gelassener Samenstand verändern die Wirkung eines Gartens oft mehr als große Umgestaltungen. Es geht weniger um Eingreifen – und mehr um Wahrnehmen.

Und schließlich ist dieser Monat auch eine Einladung, Tempo herauszunehmen. Die große Wachstumsphase ist vorbei, die Pflege wird ruhiger, und der Garten beginnt, sich langsam zurückzuziehen. Wer sich darauf einlässt, entdeckt eine neue Qualität: weniger spektakulär, aber dafür umso stimmungsvoller.

Der Garten im September ist kein Abschied. Er ist ein Übergang – getragen vom weichen Licht eines langen Sommers.

Gräser, Stauden-Fruchtstände und buntes Herbstlaub – der Garten macht sich winterfit. Foto © Molly Shannon/Shutterstock

REZEPT des Monats

GEMÜSELAIBCHEN

Zutaten

1 Zwiebel
2 Eier
2 EL Salz
150 g Sellerie
150 g Karotten
150 g Lauch
Semmelbrösel
Sesam
Öl zum Braten

Zubereitung

Gemüse waschen und putzen. Karotten und Sellerie fein reiben. Zwiebel und Lauch klein schneiden. Das Gemüse in wenig Fett andünsten und 2 EL Wasser hinzufügen. Die Masse auskühlen lassen. Eier, Mehl und Semmelbrösel untermischen. Mit Salz und Pfeffer abschmecken. Aus der Masse Laibchen formen, in Sesam wälzen und in Öl auf beiden Seiten anbraten. Mit Blattsalat servieren.

BUCHTIPP des Monats

Herta Margarete Habsburg-Lothringen lädt zu einem Spaziergang durch ihren außergewöhnlichen Garten ein. Zwischen Blumenpracht, Kunstobjekten und liebevoll gestalteten Gartenräumen entsteht ein poetisches Porträt der Natur. Erinnerungen, botanisches Wissen und symbolische Bedeutungen verbinden sich mit persönlichen Fotografien zu einem kunstvollen Gartenbuch. Es feiert Achtsamkeit, Naturverbundenheit und den Wunsch, die Schönheit der Natur zu bewahren.

Habsburgs Garten

Meine imperialen Oasen
Herta Margarete Habsburg-Lothringen
96 Seiten
avBUCH
ISBN 978-3-99183-069-6
€ 20, 00

FRAGEN UND ANTWORTEN rund ums Garteln

Wie kann ich meinen Bambus bremsen? Er breitet sich trotz Wurzelsperre aus!
Offenbar ist die sogenannte Rhizomsperre zu wenig tief ausgefallen. Bambus wurzelt bis zu 90 cm tief. Ist die Umrandung niedriger, dann wandern die Triebe darunter durch. Heimische Baumschulen bieten horstbildende Arten an, bei denen dieses Problem gar nicht erst auftritt.
Beachten Sie immer die Angaben der Fachbetriebe und verwenden Sie in unseren Breiten Bambus am besten nur in Gefäßen oder Arten, die sich nicht in Nachbars Garten weiter ausbreiten.

Seit 40 Jahren pflege ich eine Dieffenbachie (eine Zimmerpflanze). Nun hat sie die Decke erreicht. Kann ich sie abschneiden und den Trieb zum Vermehren verwenden?
Ja, diese Grünpflanze kann man zurückschneiden und sie wird Seitentriebe bekommen. Den obersten Blattschopf kann man quasi als „Kopfsteckling" verwenden: einwässern und er wird Wurzeln bekommen. Aufpassen, die Pflanze ist giftig!

Mein Oleander ist nach dem radikalen Rückschnitt, den Sie mir geraten haben, wunderschön gewachsen. Er beginnt sogar zu blühen. Soll ich nicht doch noch düngen?
Nein, keinesfalls. Gerade so im Wachstum befindliche Kübelpflanzen muss man bremsen. Eventuell sogar bewusst einen Kaliumdünger verabreichen („Patent-Kali"), der bremst das Wachstum und lässt die Triebe ausreifen.

*Noch mehr Antworten auf die wichtigsten Gartenfragen finden Sie in dem Buch **365 Gartenfragen und Antworten für intelligente Faule (CADMOS/avBuch Verlag)** und in der Zeitschrift Garten + Haus, www.garten-haus.at.*

Foto © Christoph Böhler

OKTOBER

Foto © ju_see/Shutterstock.com

OKTOBER 2027

27 Montag			
28 Dienstag			
29 Mittwoch			
30 Donnerstag			
01 Freitag			
02 Samstag		Fällt das Laub auf Leodegar, so ist das nächste ein fruchtbares Jahr.	
03 Sonntag	Tag der Deutschen Einheit (D)		

Wurzel-Tag Blatt-Tag Blüten-Tag Frucht-Tag Kompost-Tag

04 Montag			
05 Dienstag			
06 Mittwoch			
07 Donnerstag			
08 Freitag		St. Pelei führt Donner und Hagel herbei.	
09 Samstag			
10 Sonntag			

OKTOBER 2027

11 Montag			
12 Dienstag			
13 Mittwoch			
14 Donnerstag			
15 Freitag		Zu Theres beginnt die Weinles.	
16 Samstag			
17 Sonntag			

Wurzel-Tag Blatt-Tag Blüten-Tag Frucht-Tag Kompost-Tag

18 Montag			
19 Dienstag			
20 Mittwoch		Sankt Wendelin, verlass uns nie, schirm unsern Stall, schütz unser Vieh.	
21 Donnerstag			
22 Freitag			
23 Samstag			
24 Sonntag			

OKTOBER 2027

25 Montag			
26 Dienstag	Nationalfeiertag		
27 Mittwoch		Bevor du Simon und Judas (28. Oktober) schaust, pflanze Bäume, schneide Kraut.	
28 Donnerstag			
29 Freitag			
30 Samstag			
31 Sonntag			

Wurzel-Tag Blatt-Tag Blüten-Tag Frucht-Tag Kompost-Tag

NOTIZEN

DIE GARTENKOLUMNE

IM DSCHUNGEL DER GROSSSTADT

In meiner Zeit als Gartenjournalist war ich schon in vielen Wohnungen – große, kleine, solche auf dem Lande, mitten in der Stadt und manche mit wenigen oder keinen Pflanzen, und dann wieder solche, die einem Dschungel gleichen.
Bei Letzteren merkt man jedoch schon beim Betreten, dass hier ein ganz anderes Klima herrscht. Nicht nur, was die Luft, sondern auch, was die Bewohner betrifft. Zu jeder einzelnen Pflanze gibt's eine Geschichte: Hier von einem Freund bekommen, dort einen Ableger ergattert, oder es ist ein Mitbringsel vom letzten Tropenurlaub. So sind dann die Fensterblätter einmal mit „Original"-Abstammung aus der Karibik mit dabei.
Und irgendwie scheinen sie sich über den Klimawechsel zu freuen, freilich dank der genialen Pflege der Blumenfreunde.
Die Pflanze, die da in einer Wiener Wohnung stand, war gut vier Meter hoch und hatte sogar Blüten angesetzt. Die sehen aus wie Maiskolben und duften hervorragend.
So liefern diese grünen Wohnungsbegleiter nicht nur eine einzigartige Dekoration, sondern auch bessere Luft und auch noch den Duft. Manchmal allerdings, so gesteht mir der Tropengärtner in der Stadt, wird's eng: Dann muss er mit der Schere eingreifen und – weil er es nicht lassen kann – aus dem einen Fensterblatt werden gleich wieder zehn weitere. Die Geschenke für die nächsten Besucher sind damit schon vorbereitet.

Fotos © Christoph Böhler, Shebeko/Shutterstock.com

WICHTIGE GARTENARBEITEN im Oktober

ZIERGARTEN

- ○ Pflanzen Sie jetzt Gehölze wie Rosen, Ziersträucher oder Heckenpflanzen (z. B. Hainbuche, Liguster) – der noch warme Boden ermöglicht ein gutes Anwachsen vor dem Winter.
- ○ Schneiden Sie empfindliche Stauden wie Dahlien oder Cannas nach den ersten leichten Frösten zurück und bereiten Sie sie auf die Überwinterung vor.
- ○ Räumen Sie abgeblühte Sommerblumen aus den Beeten und lockern Sie den Boden, um ihn für das kommende Jahr vorzubereiten.
- ○ Laub sollte nicht nur entfernt, sondern sinnvoll genutzt werden – als Mulchschicht unter Gehölzen schützt es den Boden und fördert das Bodenleben.

OBSTGARTEN

- ○ Pflanzen Sie jetzt Obstgehölze wie Apfel-, Birnen- oder Zwetschkenbäume, da sie im Herbst besonders gut anwachsen.
- ○ Ernten Sie späte Sorten wie Lageräpfel (z. B. 'Boskoop') sorgfältig und lagern Sie sie kühl, luftig und frostfrei.
- ○ Kontrollieren Sie regelmäßig das eingelagerte Obst und entfernen Sie beschädigte Früchte sofort.
- ○ Bringen Sie einen Stammschutz an jungen Bäumen an, um sie vor Wildverbiss und Frostrissen zu schützen.

GEMÜSEGARTEN

- ○ Ernten Sie letzte Kulturen wie Kürbis, Sellerie oder späte Karotten, bevor stärkere Fröste einsetzen.
- ○ Lagern Sie Kürbisse warm und trocken, etwa bei 10–15 °C, damit sie lange haltbar bleiben.
- ○ Wurzelgemüse wie Karotten oder Rote Rüben kann weiterhin in Sandkisten oder Erdmieten eingelagert werden.
- ○ Arbeiten Sie Kompost oder gut verrotteten Mist in den Boden ein, um ihn für die nächste Saison vorzubereiten.

ZIMMERGARTEN

- ○ Zimmerpflanzen befinden sich nun zunehmend in der Ruhephase – reduzieren Sie die Wassergaben deutlich und vermeiden Sie Staunässe.
- ○ Stellen Sie die Düngung bei den meisten Pflanzen vollständig ein, da das Wachstum stark nachlässt.
- ○ Kontrollieren Sie Pflanzen regelmäßig auf Schädlinge, die sich durch trockene Heizungsluft rasch ausbreiten können.
- ○ Erhöhen Sie bei Bedarf die Luftfeuchtigkeit, etwa durch Wasserschalen oder gelegentliches Besprühen.
- ○ Entfernen Sie welke Blätter und reinigen Sie die Pflanzen, um Krankheiten vorzubeugen.

WINTER-VITAMINPFLANZE im Porträt

Foto © xDaniel Poloha/Shutterstock.com

Mangold (*Beta vulgaris* subsp. *vulgaris*)

Mangold zählt zu den ausdauerndsten Blattgemüsen im Garten und liefert über viele Monate hinweg frische Ernte. Ursprünglich aus dem Mittelmeerraum stammend, hat er sich auch in Mitteleuropa als zuverlässige Kultur etabliert und bleibt bis weit in den Herbst hinein nutzbar.
Für Selbstversorger ist Mangold interessant, weil er nach dem Schnitt immer wieder nachtreibt und so über längere Zeit genutzt werden kann. Die Blätter enthalten Mineralstoffe und sekundäre Pflanzenstoffe und bringen Abwechslung in die Küche, wenn andere Kulturen bereits abgeerntet sind. Mit seinen farbigen Stielen setzt er zudem kräftige Akzente im Beet.

Der Anbau gelingt im Freiland, Hochbeet oder größeren Gefäßen. Ein sonniger bis halbschattiger Standort und ein tiefgründiger, nährstoffreicher Boden fördern das Wachstum. Wichtig ist eine gleichmäßige Wasserversorgung, da Trockenheit zu zähen Blättern führen kann. Spätsommerlich nachgesäter Mangold wächst langsamer, liefert aber bis in den Spätherbst hinein frische Blätter.

Geerntet werden die äußeren Blätter einzeln mit der Hand oder einem Messer, während das Herz stehen bleibt. So bleibt die Pflanze über viele Wochen hinweg produktiv. Bei kühler Witterung entwickeln die Blätter eine feste Struktur und ein intensiveres Aroma.

Mangold lässt sich vielseitig verwenden. Die Blätter erinnern an Spinat, die Stiele bringen Biss und Farbe in Pfannengerichte, Aufläufe oder Gemüsebeilagen und sorgen auch optisch für herbstlich bunte Vielfalt auf dem Teller.

ERNTEN, LAGERN, WEITERVERWENDEN

Foto © Krzysztof Slusarczyk/Shutterstock.com

Winterkürbis – lagern, nutzen, genießen

Winterkürbisse zählen zu den haltbarsten Gemüsearten aus dem eigenen Garten. Sie begleiten unsere Küche oft über Monate hinweg. Sorten wie Hokkaido, Butternut oder Muskatkürbis entwickeln bei richtiger Lagerung ein volles Aroma und lassen sich vielseitig verwenden. Die haltbaren Winterkürbisse unterscheiden sich von Sommerkürbissen durch ihren runden Stielansatz. Nach der Ernte ist es entscheidend, die Früchte gut ausreifen zu lassen. Die Schale sollte fest und unbeschädigt sein, der Stiel möglichst erhalten bleiben. Ein warmer, luftiger Ort hilft beim Nachreifen, bevor die Kürbisse an einen kühlen, trockenen Platz übersiedeln. Temperaturen um 15 °C sind ideal. Kürbis-Profis lagern die Früchte z. B. auf flachen Körben oder Flächen mit Walnüssen, sodass rundum immer Luft ankommt. Bei der Lagerung ist es sinnvoll, die Früchte regelmäßig zu kontrollieren. Druckstellen oder kleine Verletzungen können schnell zu Fäulnis führen. Einzelne Früchte sollten sich nicht berühren, damit sich mögliche Schäden nicht übertragen. In der Küche zeigen Winterkürbisse ihre ganze Stärke. Je nach Sorte reicht das Aroma von nussig bis leicht süßlich. Sie eignen sich für Suppen, Ofengerichte oder Pürees und lassen sich gut mit Kräutern, Gewürzen oder kräftigen Ölen kombinieren. Wer mehrere Sorten anbaut, erlebt eine überraschende Vielfalt an Aromen und Konsistenzen. So wird der Kürbis nicht nur zum Vorratsgemüse, sondern zu einer festen Größe in der herbstlichen Küche.

WICHTIG: Zierkürbisse sind nicht essbar. Sie enthalten Bitterstoffe (Cucurbitacine) und können gesundheitsschädlich sein!

SIEBENMAL BESSERE LUFT DURCH PFLANZEN

Die Tage werden kürzer; die Zeit, die wir nun in den Wohnungen verbringen, wird immer länger. Da hat das Verbessern des Raumklimas eine große Bedeutung – vor allem, weil neben der trockenen Luft und dem Staub oft noch viele Schadstoffe in der Luft sind.

Die beste Lösung, neben dem oftmaligen, stoßweisen Lüften: Grünpflanzen. Sie verschönern nicht nur das Zuhause, sondern reinigen die Luft und sorgen für ein angenehmes Wohngefühl. Hier die sieben Pflanzen, die besonders leicht zu pflegen sind:

1. Grünlilie *(Chlorophytum comosum)*

Die Grünlilie ist besonders pflegeleicht, wächst schnell und eignet sich ideal für alle, die keinen grünen Daumen haben. Sie ist dekorativ und filtert vor allem Schadstoffe wie Formaldehyd aus der Luft. Am besten gedeiht die Pflanze an einem hellen Standort ohne direkte Sonne. Regelmäßiges Gießen, aber keine Staunässe, ist wichtig.

2. Monstera *(Monstera deliciosa)*

Die gewaltigen „Fensterblätter" (s. S. 178) sind die Gäste aus dem Dschungel, wo sie die Baumriesen erobern. Sie erhöhen die Luftfeuchtigkeit, sind großartige Staubfilter, wenn man die Blätter immer wieder (mit Bier!) abwischt. Wichtig für den Erfolg: keine pralle Sonne, keine zu trockene Luft und niemals zu viel gießen, sonst gibt's Wurzelfäule.

3. Bogenhanf *(Sansevieria trifasciata)*

Der Bogenhanf – mit dem ungewöhnlichen zweiten deutschen Namen Schwiegermutterzunge – ist äußerst robust und wandelt auch nachts CO_2 in Sauerstoff um – ideal für Schlafzimmer. Er benötigt wenig Wasser und kommt mit wenig Licht zurecht. Nur gelegentlich gießen, Staunässe vermeiden.

Egal, welche Art auch immer es ist: Pflanzen machen unsere Räume wohnlichter. Foto © Anna Markina/Shutterstock

4. Aloe *(Aloe vera)*

Die Heilpflanze Aloe vera verbessert das Raumklima durch das Filtern von Schadstoffen wie Benzol. Sie braucht einen sonnigen Platz und wenig Wasser. Gut abtrocknen lassen zwischen den Wassergaben. Die Blätter können für die Hautpflege verwendet werden.

5. Einblatt *(Spathiphyllum wallisii)*

Das Einblatt ist bekannt für seine luftreinigenden Eigenschaften, besonders bei Ammoniak und Aceton. Es steht gern im Halbschatten und verlangt regelmäßige Wassergaben. Die ideale Anfängerpflanze blüht bei guter Pflege mehrfach im Jahr.

6. Efeutute *(Epipremnum aureum)*

Die Efeutute eignet sich gut für hängende Töpfe und Kletterhilfen. Sie ist anspruchslos, verträgt auch weniger Licht und entfernt Schadstoffe wie Benzol aus der Luft. Die Erde sollte leicht feucht gehalten werden, aber nie zu nass (wie die Monstera), sie ist sehr empfindlich an den Wurzeln, weil sie ursprünglich vorwiegend auf Bäume kletterte.

7. Birkenfeige *(Ficus benjamina)*

Die wohl bekannteste Grünpflanze (aus dem Bau- und Möbelmarkt) braucht einen hellen Standort ohne Zugluft. Er filtert zahlreiche Schadstoffe aus der Raumluft. Die Erde sollte gleichmäßig feucht sein; Staunässe vermeiden. Gelegentliches Besprühen der Blätter verbessert die Luftfeuchtigkeit. Super Staubfilter – daher öfter abduschen.

1

3

4

5

6

7

DIE SPATEN-DIÄT

„Ohne Müh´ von früh bis spät, wird Dir nichts geraten. Neid sieht nur das Rosenbeet, aber nicht den Spaten." Dieser alte Sinnspruch erzählt viel Wahres vom Gartenerfolg, wie dem Rosenbeet, und der Gartenmühe, eben vom Spaten.

Wie viel Mühe aber genau die Arbeit mit (s)einem Spaten macht, da kann ein jeder selbst ein Wörtchen mitreden. Mit dem falsch ausgewählten und ungepflegten Spaten nämlich, wird man sich recht plagen. Den Spaten aber der „wie von selbst läuft", wird man gerne zur Hand nehmen. Und seine Arbeit mit ihm mit einer gewissen Leichtigkeit erledigen.

Jedes Gramm, das mit einem Spaten während der Arbeit mit ihm bewegt werden muss, strengt an und trägt im Laufe der Arbeit zur Ermüdung bei. Kann man das Problem schlanker halten? Man kann. Reden wir also über die „Spaten-Diät". Und die dazugehörigen Rezepte.

Garten-Disc, Fugenkratzer/ Unkrautstecher und der legendäre „Elke"- Pflanzspaten: geschmiedete Werkzeuge für Menschen, die gerne zupacken.

REZEPT 1: Wähle den Spaten, der zur Aufgabe passt.

Es gibt nahezu unzählig viele Spatentypen. Ob breites oder schmales Blatt, ob lange oder kurze Tülle – unterschiedliche Spaten erledigen unterschiedliche Jobs. Mit einem schweren Rodespaten etwa, lassen sich auch große Gartenschätze prima ausgraben und umpflanzen. Mit einem leichten Grabespaten ist das nicht zu machen. Wer hingegen versucht mit einem Rodespaten ein Gartenbeet umzugraben, dem wird nach schon drei Spatenstichen die Puste ausgehen.

REZEPT 2: Wähle den Spaten, der zu Deiner Körperlänge passt.

Der kürzere Spatenstiel ist der leichtere, klaro. Bist Du aber größer gewachsen, wird Dir statt einem 75 cm langen Spatenstiel der 100 cm-Stiel die Arbeit erleichtern. Oder eine der Zwischengrößen. Denn am Ende des Tages mit Kreuzschmerzen vom Beet zu gehen, macht auch keinen Sinn. Ob Dein Spaten einen T-förmigen oder D-förmigen Griff hat, ist zunächst eine Frage des persönlichen Arbeitskomforts und der Gewöhnung. Auf Stiellänge und Spatengewicht, hat das keinen Einfluss. Faustzahl: der passend große Spaten reicht Dir bis zum Gürtel.

REZEPT 3: Achte auf Dein Gewicht.

Ob Du mit einem 3.000 Gramm schweren oder einem 1.500 Gramm leichten Spaten arbeitest, macht am Ende des Tages einen Unterschied: ist nur die Arbeit fertig – oder Du auch? Im Vergleich zum klassischen Gärtnerspaten ist der so genannte Damenspaten ein Leichtgewicht von gerade einmal 1.500 Gramm. Balanciert man den auf einem Finger so erkennt man, dass sein Waagepunkt kurz über dem Ende der Tülle liegt. Die Führhand muss den Spaten also nur leicht halten und führen, während die Werkhand alles, was beim Graben mit Kraft zu tun hat mit leichtem Druck & Dreh des Griffes erledigt. Dieses ergonomische Verschmelzen von Mensch und Spaten lässt den „wie von selbst" laufen.

REZEPT des Monats

KRAUTSCHNECKERL

Zutaten

300 g Weißkraut
1 Zwiebel
1 Knoblauchzehe klein gewürfelt
100 g Speck, klein gewürfelt
Öl zum Braten
125 g Gemüsebrühe
125 ml Weißwein
Salz, Kümmel, Zucker
1 Pkg. Blätterteig
1 Eigelb
Etwas Milch

Zubereitung

Das Weißkraut waschen und fein hobeln. Öl erhitzen und die in Ringe geschnittene Zwiebel, Knoblauch und Speck darin anrösten. Das Kraut und die Gewürze dazugeben und kurz mitrösten. Mit Gemüsebrühe und Wein aufgießen. So lange kochen, bis die Flüssigkeit verdunstet ist. Die ausgekühlte Krautmasse auf einem Blätterteig verteilen und einrollen. Von der Rolle 2 cm dicke Scheiben schneiden und diese auf ein Backblech legen. Eigelb mit Milch verrühren und die Scheiben damit bestreichen. Im Backrohr bei 200 Grad ca. 25 Minuten goldgelb backen.

Fotos © Christoph Böhler, soeka/ Shutterstock

BUCHTIPP des Monats

Kräuter und Gewürze, die man selbst im Garten oder am Balkonbrett anbauen kann, wurden von alters her nicht nur zur Nahrungszubereitung verwendet, sondern auch zur Heilung verschiedener Gebrechen und zur Stärkung. Das Wissen, welche Kräuter, Blüten, Blätter und Wurzeln gegen welche Beschwerden helfen, war allerdings lange in Vergessenheit geraten. Doch heute erhält die bäuerliche Hausapotheke neue Bedeutung.

Die bäuerliche Naturapotheke
Gesund mit traditionellen Hausmitteln
Markusine Guthjahr
128 Seiten
CADMOS Verlag
ISBN 978-3-8404-3045-9
€ 15, 99

FRAGEN UND ANTWORTEN rund ums Garteln

Jedes Jahr das Gleiche: Mein riesiger Ficus benjamina ist nach seiner Sommerfrische im Garten prächtig gewachsen, doch kaum im Haus, verliert er gut ein Drittel der Blätter. Was könnte ich anders machen?
Es ist die Umstellung von sehr hell zu deutlich weniger Licht. Weil die Pflanze nun nicht mehr alle Blätter versorgen kann, wirft sie sie ab. Wichtig ist auch, dass man nicht zu viel gießt. Ein zu nasser Wurzelballen verursacht ebenfalls häufig Blattfall. Nächstes Jahr vorm Ausräumen zusammenschneiden und im Herbst mit einer LED-Pflanzenleuchte belichten.

Mein Gummibaum ist uralt und richtig schön und groß geworden. Er steht in Hydrokultur. Seine „Kinder" (die Ableger des Zurückschneidens) neben ihm. Sie wachsen in Erde. Nun plötzlich bekommt die große Pflanze welke, gelbe Blätter. Die Nachkommen gedeihen prächtig. Warum?
Pflanzen, die lange Zeit in ein und derselben Erde stehen, leiden oft unter den Salzen, die sich bei uns im Wasser und im Dünger befinden. Ich würde den Gummibaum austopfen, Wurzeln durchwaschen und in ein neues Tonsubstrat pflanzen – oder in Blähton. Neutralisiert lange Zeit die Salzkonzentration.

Wie oft muss man eigentlich Zimmerpflanzen umsetzen?
Schwer zu sagen, aber wer regelmäßig die oberste Erdschicht entfernt und dem neuen Substrat auch Zeolith beimischt (oft in einem Bodenaktivator drinnen), der sorgt für eine gute Grundlage. Wenn man umtopft, dann am besten im zeitigen Frühjahr, denn da setzt auch bei den Zimmerpflanzen wieder das Wachstum ein. Generell gilt: Immer wieder düngen (im Winter deutlich weniger) und Mikroorganismen beimischen.

Noch mehr Antworten auf die wichtigsten Gartenfragen finden Sie in dem Buch ***365 Gartenfragen und Antworten für intelligente Faule (CADMOS/avBuch Verlag)*** *und in der Zeitschrift Garten + Haus, www.garten-haus.at.*

Foto © Christoph Böhler

NOVEMBER

Foto © samantha_hamilton/Shutterstock.com

NOVEMBER 2027

01 Montag	Allerheiligen		
02 Dienstag		Um Allerseelen kalt und klar, macht auf Weihnacht alles starr.	
03 Mittwoch			
04 Donnerstag			
05 Freitag			
06 Samstag			
07 Sonntag			

Wurzel-Tag Blatt-Tag Blüten-Tag Frucht-Tag △ Kompost-Tag

NOVEMBER 2027

08 Montag			
09 Dienstag			
10 Mittwoch			
11 Donnerstag			
12 Freitag			
13 Samstag			
14 Sonntag			

NOVEMBER 2027

15 Montag		Der heilige Leopold ist oft noch dem Altweibersommer hold.	
16 Dienstag			
17 Mittwoch			
18 Donnerstag		Baumblüt im November gar, noch nie ein gutes Zeichen war.	
19 Freitag			
20 Samstag			
21 Sonntag			

Wurzel-Tag Blatt-Tag Blüten-Tag Frucht-Tag Kompost-Tag

NOVEMBER 2027

22 Montag			
23 Dienstag		Dem heiligen Klemens traue nicht, denn selten zeigt er ein mild Gesicht.	
24 Mittwoch			
25 Donnerstag			
26 Freitag			
27 Samstag		Friert es auf Virgilius, im Märzen Kälte kommen muss.	
28 Sonntag			

NOVEMBER 2027

29 Montag			
30 Dienstag			
01 Mittwoch			
02 Donnerstag			
03 Freitag			
04 Samstag			
05 Sonntag			

Wurzel-Tag Blatt-Tag Blüten-Tag Frucht-Tag △ Kompost-Tag

NOTIZEN

DIE GARTENKOLUMNE

„KOMMT EIN STRENGER WINTER?“

Dass die Christrosen (Foto s. S. 198) einmal Wetterbarometer waren, wissen wohl die wenigsten. Am Heiligen Abend wurden früher zwölf Schneerosen-Knospen gepflückt und in kleinen Vasen eingewässert – für jeden Monat eine. Öffnet sich die Blüte dann groß und weit, bedeutet das Sonnenschein und herrliches Wetter; bleibt die Blüte klein oder öffnet sich die Knospe gar nicht, sollte das Regen und schlechtes Wetter bedeutet haben. In welcher Reihe man aufstellt? Genau das ist das Orakel …

Genau so ein Wetterorakel gibt es auch rund um die Königskerze (Foto diese Seite), die vielerorts auch Wetterkerze genannt wird. Ein Gärtner berichtete mir von seinen Beobachtungen, die besagen, dass viele Blüten an der Spitze der Königskerze auf einen extrem schneereichen Winter hindeuten. Andere Beobachtungen sagen, dass die an sich zweijährige Pflanze immer dann einen kalten Winter prophezeit, wenn der Blattkranz des ersten Jahres besonders kompakt und dicht ist, quasi als Schutz. Beides sei erfolgt, wenn tatsächlich ein schneereicher Winter gekommen ist.

Empfindlichen Kübelpflanzen sollte man in Sicherheit bringen – diese Vorsorge ist absolut richtig.

WICHTIGE GARTENARBEITEN im November

ZIERGARTEN

- ○ Empfindliche Stauden und Halbsträucher wie Pampasgras, Fackellilie oder Gartenhibiskus sollten jetzt mit Reisig, Laub oder Vlies geschützt werden, damit starke Fröste nicht bis in den Wurzelbereich eindringen.
- ○ Binden Sie hohe Ziergräser wie *Miscanthus* oder Pampasgras locker zusammen, damit Nässe nicht tief in den Horst eindringt und dort Fäulnis verursacht.
- ○ Rosen können jetzt angehäufelt werden – eine Schicht aus Erde oder reifem Kompost schützt die Veredelungsstelle zuverlässig vor Frostschäden.
- ○ Lassen Sie Samenstände von Fetthenne, *Echinacea* oder Disteln bewusst stehen: Sie geben dem winterlichen Garten Struktur und dienen Vögeln als Nahrungsquelle.

OBSTGARTEN

- ○ Junge Obstbäume wie Apfel, Birne oder Kirsche profitieren jetzt von einem Stammanstrich aus Kalk, der Frostrisse durch starke Temperaturunterschiede zwischen Tag und Nacht vermindern kann.
- ○ Kontrollieren Sie den Stammschutz gegen Wildverbiss und erneuern Sie Manschetten oder Drahtschutz, wenn diese locker geworden oder beschädigt sind.
- ○ Pflanzen Sie wurzelnackte Obstgehölze an frostfreien Tagen – besonders Apfel- und Birnenbäume wachsen im Spätherbst noch gut ein, solange der Boden offen ist.

GEMÜSEGARTEN

- ○ Letzte robuste Kulturen wie Lauch, Pastinaken oder Rosenkohl können oft noch lange im Beet bleiben und nach Bedarf geerntet werden, sofern der Boden nicht tief gefriert.
- ○ Decken Sie empfindlichere Winterkulturen wie Feldsalat oder Winterspinat bei strengeren Frösten mit Vlies oder Reisig ab, damit die Erntezeit verlängert wird.
- ○ Kontrollieren Sie eingelagertes Gemüse wie Karotten, Sellerie oder Rote Rüben regelmäßig auf Druckstellen, Fäulnis oder zu starke Austrocknung.
- ○ Räumen Sie abgeerntete Beete vollständig ab und entfernen Sie Wurzelreste kranker Pflanzen, damit sich keine Krankheitserreger im Boden halten.

ZIMMERGARTEN

- ○ Achten Sie darauf, Pflanzen nicht direkt über Heizkörper zu stellen, da die warme, trockene Luft zu Blattspitzennekrosen und Schädlingsbefall führen kann.
- ○ Arten mit höherem Luftfeuchtigkeitsbedarf wie Calathea, Farne oder Alocasia danken es, wenn Sie die Luftfeuchtigkeit durch Wasserschalen oder Zimmerbrunnen etwas erhöhen.
- ○ Kontrollieren Sie regelmäßig die Blattunterseiten auf Spinnmilben, Wollläuse oder Schildläuse, denn diese treten in der Heizperiode besonders häufig auf.
- ○ Verzichten Sie bei den meisten Arten weiterhin auf Dünger oder reduzieren Sie ihn stark, damit die Pflanzen nicht zu weichen, lichtarmen Trieben angeregt werden.

WINTER-VITAMINPFLANZE im Porträt

Foto © Bowonpat Sakaew/Shutterstock.com

Grünkohl (*Brassica oleracea* var. *sabellica*)

Grünkohl gehört zu den klassischen Wintergemüsen. Er entwickelt sein volles Potenzial erst bei kühler Witterung. Die krausen Blätter bleiben lange am Beet und können über viele Wochen hinweg geerntet werden. In Regionen mit regelmäßigen Frösten zählt die Kohlart zu den verlässlichsten Kulturen für die Winterversorgung.

Für Selbstversorger ist Grünkohl interessant, weil er auch bei sinkenden Temperaturen weiterwächst und kontinuierlich Blattmasse liefert.

Kälte beeinflusst den Stoffwechsel der Pflanzen, wodurch sich der Geschmack verändert: Die Blätter werden milder und entwickeln eine leicht süßliche Note. Sie liefern zudem Vitamin C sowie Mineralstoffe und tragen zu einer ausgewogenen Winterernährung bei.

Der Anbau erfolgt im Freiland auf nährstoffreichen Böden. Ein sonniger Standort fördert die Blattentwicklung, gleichmäßige Feuchtigkeit sorgt für zarte Blätter. Grünkohl ist standfest und verträgt auch windige Lagen. Spätere Pflanztermine führen zu kompakteren Pflanzen, die sich gut für die fortlaufende Nutzung eignen.

Geerntet werden die unteren Blätter von außen nach innen. Das Herz bleibt stehen und treibt weiter nach, sodass über einen langen Zeitraum frisches Grün zur Verfügung steht.

Grünkohl eignet sich für kräftige Gerichte, lässt sich aber auch fein zubereiten. Kurz gegart behält er Struktur und Farbe, roh verarbeitet bringt er eine herbe, charaktervolle Note in Salate oder Smoothies.

ERNTEN, LAGERN, WEITERVERWENDEN

Foto © Viktor Sergeevich/Shutterstock.com

Wurzelgemüse richtig einlagern

Wurzelgemüse gehört zu den klassischen Vorräten aus dem eigenen Garten und lässt sich mit einfachen Mitteln über viele Wochen lagern. Karotten, Rote Bete, Sellerie oder Pastinaken behalten bei richtiger Behandlung ihre Qualität und stehen auch im Winter frisch zur Verfügung. Entscheidend ist der richtige Zeitpunkt der Ernte. Die Böden sollten möglichst trocken sein, damit die Wurzeln nicht unnötig verschmutzen oder beschädigt werden. Anhaftende Erde wird nur grob entfernt, gewaschen wird das Gemüse erst vor der Verwendung. Das Laub sollte zeitnah entfernt werden, da es den Wurzeln sonst Feuchtigkeit entzieht.

Für die Lagerung eignen sich kühle, frostfreie Räume mit hoher Luftfeuchtigkeit. Besonders bewährt hat sich das Einschlagen in feuchten Sand oder lockere Erde in Kisten. So bleiben die Wurzeln knackig und trocknen nicht aus. Alternativ lassen sich kleinere Mengen auch in perforierten Kisten oder Holzkisten lagern, solange die Luftzirkulation gewährleistet ist. Beschädigte oder angefressene oder angefaulte Exemplare sollten aussortiert werden, da sie schneller verderben und die übrigen Bestände beeinträchtigen können. Auch unterschiedlich große Wurzeln lagern sich besser getrennt, da sie verschieden schnell Wasser verlieren. Regelmäßige Kontrolle hilft, Verluste früh zu erkennen.

Richtig gelagertes Wurzelgemüse bleibt über Wochen hinweg fest und aromatisch. Es eignet sich für Suppen, Eintöpfe oder Ofengerichte und bildet eine verlässliche Grundlage für die winterliche Küche.

DIE NEUE WINTERKÖNIGIN

Christrosen sind die großen Stars für drinnen und draußen

Es klingt wie ein Märchen: „Es war einmal eine Pflanze, die mitten im eisigen Winter ihre zarten Blüten öffnete und damit Mensch und Natur gleichermaßen verzauberte ..." Doch die Christrose gibt es tatsächlich. Ob im verschneiten Garten oder auf der Fensterbank – sie bringt ein Stück Magie in die dunkle Jahreszeit. Mit ihrer außergewöhnlichen Blütezeit setzt sie gerade dann einen hoffnungsvollen Akzent, wenn die Natur ringsum zu ruhen scheint. Das sollte man wissen:

1. Botanischer Name und Herkunft

Die Christrose, die man heute kauft, ist oft eine Mischung aus der heimischen Schneerose (*Helleborus niger*) und der orientalischen Schneerose (*H. orientalis*). Ursprünglich stammt sie aus den Gebirgsregionen Mitteleuropas, vor allem aus den Alpen und dem Balkangebiet.

2. Blütezeit im Winter

Im Gegensatz zu den meisten Pflanzen blüht die Christrose mitten im Winter, oft schon ab Dezember und manchmal sogar unter einer Schneedecke. Ihre Blütezeit reicht meist bis in den März hinein (da wird sie oft Lenzrose genannt), wodurch sie zu einem wichtigen Farbtupfer in der kalten Jahreszeit wird.

3. Standort im Freiland

Im Garten bevorzugt die Christrose halbschattige bis schattige Standorte, etwa unter laubabwerfenden Sträuchern oder Bäumen. Sie liebt durchlässige, kalkhaltige Böden und verträgt Frost sehr gut.

4. Christrose als Zimmerpflanze

Auch im Topf gedeiht die Christrose – ideal für die (wirklich) kühle Fensterbank. Wichtig ist, dass sie nicht zu warm steht: Temperaturen zwischen 10 und 15 °C ist optimal. Nach der Blüte kann sie ins Freie umgesiedelt werden, allerdings sollte es frostfrei sein.

So kennen wir die Christrose aus der Natur. Foto © Mariana Serdynska/Shutterstock

Helleborus-Hybriden gibt es mit weißen, rosa, roten, grünen und beinahe schwarzen Blüten Fotos © meister.photos

5. Symbolik und Brauchtum

Die Christrose gilt als Symbol für Hoffnung und neues Leben. Sie wird schon seit alters her mit der Weihnachtszeit in Verbindung gebracht und hatte auch im Brauchtum als Orakelpflanze eine große Bedeutung.

6. Giftigkeit beachten

Alle Pflanzenteile der Christrose sind giftig – für Menschen und Tiere. Besondere Vorsicht gilt daher, wenn Kinder und Haustiere vorhanden sind. Empfindliche Menschen sollten im Umgang mit der Pflanze Handschuhe tragen.

7. Pflegeleicht, aber standorttreu

Einmal im Garten eingewurzelt, möchte die Christrose möglichst ungestört bleiben. Das regelmäßige Umpflanzen mag sie nicht. Sie ist jedoch sehr langlebig und kann viele Jahre am selben Platz blühen.

8. Vermehrung und Aussaat

Die Christrose vermehrt sich durch Selbstaussaat. Die Keimung kann allerdings mehrere Monate dauern, da die Samen eine Kälteperiode benötigen. Geduld ist gefragt! Auch eine Vermehrung durch Teilung ist möglich: Ältere, kräftige Pflanzen können im Frühjahr vorsichtig ausgegraben und mit einem scharfen Spaten geteilt werden. Dabei sollte jedes Teilstück ausreichend Wurzeln und Triebe besitzen.

9. Krankheiten und Schädlinge

Die Christrose ist robust, kann aber gelegentlich von Blattfleckenkrankheiten befallen werden. Bei großen Problemen die kranken Blätter im Frühjahr entfernen. Und noch etwas vermeiden: Staunässe – die verursacht Wurzelfäule.

10. Christrosen in der Gartengestaltung

Im Garten harmoniert die Christrose besonders gut mit anderen spätwinterblühenden Pflanzen wie Schneeglöckchen oder Winterlingen. Ihre weißen bis rosafarbenen Blüten heben sich wunderschön vom dunklen Laub ab und setzen elegante Akzente.

Zum Strauß arrangiert. Foto © Dora Zett/Shutterstock

In Schneeglöckchen-Begleitung. Foto © iPlantsman/Shutterstock

REZEPT des Monats

HAFERFLOCKENLAIBCHEN MIT KRÄUTERSAUCE

Zutaten

120 g Haferflocken
100 g geriebenen würzigen Käse
6 EL Milch
2 Eier
Salz, Pfeffer
1 Prise Kurkuma
Schnittlauch, Dill, Petersilie

Öl zum Braten

Kräutersauce
4 EL Joghurt
1 EL Sauerrahm
1 Knoblauchzehe gepresst
Salz
Verschiedene Kräuter (Dill, Petersilie, Schnittlauch)

Zubereitung

Haferflocken, Milch und Eier verrühren und kurz quellen lassen. Den Käse und die Kräuter unterheben und mit den Gewürzen abschmecken. In einer Pfanne Öl erhitzen, aus der Masse kleine Laibchen formen und diese auf beiden Seiten goldbraun braten. Für die Kräutersauce alle Zutaten verrühren und zu den Laibchen servieren.

BUCHTIPP des Monats

Mit dem Igel-Erlebnisbuch kann man auf Entdeckungsreise ins Igel-Universum gehen und dabei die Freunde, Verwandten und Feinde des kleinen Stacheltiers kennenlernen. Vor allem lernt man, wie man Igel im Garten heimisch macht und ihnen helfen kann, den Winter gemütlich zu verschlafen. Ein Igel-Schlafhaus und ein Igel-Futterhaus kann man nämlich ganz einfach selber bauen. Dabei werden wichtige Fragen rund um den Igel beantwortet.

Erlebnisbuch Igel

Stacheliger Besuch im Naturgarten
Christine Weidenweber
96 Seiten
CADMOS Verlag
ISBN 978-3-8404-3062-6
€ 14, 95

FRAGEN UND ANTWORTEN rund ums Garteln

Bei uns im Garten wächst die Stinkende Nieswurz, breitet sich aus und sieht toll aus – aber warum heißt sie „Stinkende" Nieswurz? Sie riecht nicht!

Zunächst: Es ist eine Pflanze aus der Familie der Schneerosen (*Helleborus foetidus*), und das Einzige, das stinkt, ist die Wurzel, die getrocknet und fein verrieben auch als Niespulver verwendet wurde. Die kleinen gelben Blüten gibt's sogar manchmal mit Duft.

Von Winterhärte war bei meiner wunderschön rot gefüllt blühenden Christrose keine Spur. Vor einigen Jahren, nach einigen Tagen Kahlfrost (also ohne Schnee) war sie tot. Ich möchte sie wieder setzen. – Sinnvoll?

Die weißen Christrosen sind die robustesten, die roten sind mit viel „orientalischem Blut" gezogen worden. Diese Hybridsorten sind nie ganz winterfest. Gut mit Laub abdecken und erst im Frühjahr abdecken, dann überleben sie.

Stimmt es, dass man zu den Schneerosen beim Pflanzen Eierschalen geben soll? Wollen sie Kalk?

Ja, die heimische Schneerose (*Helleborus niger*) wächst in der Natur bevorzugt auf kalkhaltigen Böden und schätzt daher einen leicht alkalischen Standort. Fein zerstoßene Eierschalen können als sanfte Kalkquelle dienen – am besten beim Pflanzen untermischen und später jährlich oberflächlich einarbeiten. Sie wirken allerdings langsam, daher bei sehr sauren Böden ergänzend etwas Gartenkalk verwenden. Wichtig ist ein humoser, gut durchlässiger Boden, damit die Pflanzen gesund und blühfreudig bleiben.

Noch mehr Antworten auf die wichtigsten Gartenfragen finden Sie in dem Buch ***365 Gartenfragen und Antworten für intelligente Faule (CADMOS/avBuch Verlag)*** *und in der Zeitschrift Garten + Haus, www.garten-haus.at.*

DEZEMBER

Foto © Agnes Kantaruk/Shutterstock.com

DEZEMBER 2027

29 Montag			
30 Dienstag			
01 Mittwoch			
02 Donnerstag		Gibts Regen am Bibianatag, es noch vierzig Tage regnen mag.	
03 Freitag			
04 Samstag			
05 Sonntag			

Wurzel-Tag Blatt-Tag Blüten-Tag Frucht-Tag Kompost-Tag

DEZEMBER 2027

06 Montag		Regnets an Sankt Nikolaus, wird der Winter streng und graus.	
07 Dienstag			
08 Mittwoch	Mariä Empfängnis		
09 Donnerstag			
10 Freitag			
11 Samstag			
12 Sonntag			

DEZEMBER 2027

13 Montag		Frau Luzia, die Lichterbraut, ist mit der Dunkelheit vertraut, sie bringt der langen Nacht das Licht und zum Christfest Zuversicht.	
14 Dienstag			
15 Mittwoch			
16 Donnerstag			
17 Freitag		Sankt Lazarus nackt und bar macht einen linden Februar.	
18 Samstag			
19 Sonntag			

Wurzel-Tag Blatt-Tag Blüten-Tag Frucht-Tag △ Kompost-Tag

20 Montag		
21 Dienstag		Sankt Thomas bringt die längste Nacht, weil er den kürzesten Tag gebracht.
22 Mittwoch		
23 Donnerstag		
24 Freitag	Heiliger Abend	
25 Samstag	Christtag	
26 Sonntag	Stefanitag	

DEZEMBER 2027

27 Montag			
28 Dienstag		Sitzen die unschuldigen Kindlein in der Kälte, vergeht der Frost nicht in Bälde.	
29 Mittwoch			
30 Donnerstag			
31 Freitag		Silvesternacht düster oder klar sagt an ein gutes Jahr.	
01 Samstag	Neujahr		
02 Sonntag			

Wurzel-Tag Blatt-Tag Blüten-Tag Frucht-Tag △ Kompost-Tag

NOTIZEN

DIE GARTENKOLUMNE

DIE „WAHRE" BLUMENINSEL

Es ist immer wieder ein großes Erlebnis für mich, wenn ich Pflanzen, die daheim auf der Fensterbank stehen, in der freien Natur erleben darf – konkret im Regenwald. Vor wenigen Tagen durfte ich das bei Dreharbeiten auf der französischen Karibikinsel Martinique wieder erleben. Dort, wo viele der Europäer meist hinreisen, um dem Winter ein Schnippchen zu schlagen, um auf der fernen EU-Insel zu baden, war ich mit dem TV-Team unterwegs, um Gärten und Natur zu filmen. Der Blick hinter die Kulissen von Kakao-, Kaffee-, Vanille-, Zuckerrohr- oder Rumproduktion hat mir wieder gezeigt, wie viel Mühe, Aufwand, aber auch Herzblut dahintersteckt, bis wir hier im Norden das Stück Schokolade oder den Geschmack von Vanille genießen können. Darüber hinaus war selbstverständlich die tropische Pflanzenwelt wieder begeisternd – Fensterblätter in gewaltiger Größe, Orchideen an allen Bäumen und auf den Farmen, wo mit großem Enthusiasmus das ökologische Gärtnern praktiziert wird, um Umwelt und Klima zu schützen. Denn selbst auf der Mini-Ferieninsel (die, wie gesagt, zur EU gehört) ist der Klimawandel zu spüren. So oft es dort regnet, so hoch die Luftfeuchtigkeit ist – auch hier in den Tropen muss man teilweise die Gärten schon bewässern … Dennoch bleibt das Tropenfeeling einzigartig: Wenn die Farben der Blüten und das Grün der Blätter noch intensiver strahlen als anderswo und sich mit dem Dunkelblau des Himmels und dem Smaragdgrün des Meeres mischen – dann ist man dem Paradies ein Stück näher.

Fotos © Christoph Böhler, allouphoto/Shutterstock.com

WICHTIGE GARTENARBEITEN im Dezember

ZIERGARTEN

- ○ Nutzen Sie schneefreie Tage, um empfindliche Gehölze wie Rhododendre, Kirschlorbeer und Bambus auf Trockenschäden zu kontrollieren – auch im Winter können immergrüne Pflanzen austrocknen.
- ○ Entfernen Sie bei starkem Schneefall vorsichtig die Last von Sträuchern und Formgehölzen, damit Äste nicht auseinanderbrechen oder dauerhaft verformt werden.
- ○ Planen Sie neue Pflanzungen oder Umgestaltungen und beobachten Sie Ihren Garten jetzt „in seiner Grundstruktur" – ohne Blattwerk lassen sich Schwächen gut erkennen.

OBSTGARTEN

- ○ An frostfreien Tagen können Sie mit dem Winterschnitt bei robusten Kernobstarten wie Apfel oder Birne beginnen – achten Sie dabei auf trockenes Wetter.
- ○ Entfernen Sie abgestorbene, beschädigte oder nach innen wachsende Äste, um die Krone zu stabilisieren und gut zu belichten.
- ○ Kontrollieren Sie weiterhin den Stammschutz gegen Wildverbiss und passen Sie ihn bei Bedarf an.
- ○ Nutzen Sie die ruhige Zeit, um Obstsorten zu vergleichen und neue Pflanzungen für das kommende Jahr zu planen.

GEMÜSEGARTEN

- ○ Kontrollieren Sie regelmäßig Ihre eingelagerten Gemüsevorräte wie Kartoffeln, Karotten oder Rote Rüben und sortieren Sie beschädigte Exemplare aus.
- ○ Lagerräume sollten kühl, frostfrei und gut belüftet sein, damit sich weder Fäulnis noch Schimmel ausbreiten.
- ○ Decken Sie offene Beete bei Bedarf mit Laub oder Mulch ab, um die Bodenstruktur vor starken Witterungseinflüssen zu schützen.
- ○ Planen Sie die kommende Gartensaison: Fruchtfolge, Sortenwahl und Beetaufteilung lassen sich jetzt in Ruhe durchdenken.
- ○ Überprüfen und reinigen Sie Gartengeräte gründlich

ZIMMERGARTEN

- ○ Orchideen (z. B. *Phalaenopsis*) benötigen weiterhin regelmäßige, aber sehr maßvolle Wassergaben – am besten tauchen Sie die Töpfe kurz und lassen sie anschließend gut abtropfen, um Staunässe zu vermeiden.
- ○ Blühende Azaleen sollten gleichmäßig feucht gehalten werden, da sie empfindlich auf Trockenheit reagieren – verwenden Sie möglichst kalkarmes Wasser und vermeiden Sie starke Temperaturschwankungen.
- ○ Kamelien bevorzugen einen hellen, kühlen Standort und reagieren empfindlich auf trockene Heizungsluft – achten Sie auf eine gute Luftfeuchtigkeit und vermeiden Sie häufiges Umstellen, da dies zum Knospenabwurf führen kann.
- ○ Zimmerpflanzen befinden sich jetzt in einer ausgeprägten Ruhephase – Kakteen und Sukkulenten werden trocken gehalten.

WINTER-VITAMINPFLANZE im Porträt

Foto © Mabeline72/Shutterstock.com

Vogerlsalat, Feldsalat (*Valerianella locusta*)

Feldsalat gehört zu den wenigen Kulturen, die auch in der kalten Jahreszeit frisches Grün liefern. Die niedrigen Rosetten wachsen bodennah und bleiben selbst bei Frost erstaunlich widerstandsfähig. In milden Wintern kann nahezu durchgehend geerntet werden.

Für Selbstversorger ist Feldsalat interessant, weil er sich gut für späte Aussaaten eignet und den Garten bis in den Winter hinein nutzbar hält. Die Blätter enthalten unter anderem Vitamin C und Mineralstoffe und bringen frisches Blattgemüse in eine Zeit, in der das Angebot im Freiland stark eingeschränkt ist.

Der Anbau erfolgt im Freiland auf lockeren, gut vorbereiteten Böden. Ausgesät wird ab Spätsommer bis in den Herbst hinein. Ein sonniger bis halbschattiger Standort ist ausreichend, Staunässe sollte vermieden werden. Feldsalat entwickelt sich langsam, ist dafür aber ausgesprochen robust gegenüber Kälte.

Geerntet werden die Rosetten mit einem Messer knapp über dem Boden oder einzeln von Hand. Eine saubere Ernte verhindert, dass Erde zwischen die Blätter gelangt. Vor der Verwendung sollte Feldsalat gründlich gewaschen werden, da sich leicht Sand und kleine Partikel in den dichten Rosetten festsetzen.

Feldsalat hat einen nussigen, frischen Geschmack und passt zu Salaten, als Beilage oder in Kombination mit Kartoffeln, Nüssen und milden Dressings. Er bringt auch im Winter eine klare, frische Note auf den Teller.

ERNTEN, LAGERN, WEITERVERWENDEN

Foto © Nymphalyda/Shutterstock.com

Kräuter haltbar machen

Viele Kräuter liefern bis in den Herbst hinein aromatische Triebe, die sich gut für die Vorratshaltung eignen. Thymian, Salbei oder Rosmarin behalten auch getrocknet oder eingelegt ihr charakteristisches Aroma und lassen sich über Monate hinweg verwenden.
Für die Ernte werden die Triebe an trockenen Tagen geschnitten, idealerweise am späten Vormittag. Zu diesem Zeitpunkt ist das Aroma besonders ausgeprägt. Verschmutzungen sollten vorsichtig entfernt werden, gewaschen wird nur bei Bedarf und dann sorgfältig getrocknet.
Zum Trocknen werden die Kräuter locker gebündelt und an einem luftigen, schattigen Ort aufgehängt. Direkte Sonne sollte vermieden werden, da sie die Inhaltsstoffe reduziert. Alternativ können die Blätter auf Gittern ausgelegt werden, um eine gleichmäßige Trocknung zu ermöglichen.

Neben dem klassischen Trocknen lassen sich Kräuter auch in Öl oder Essig einlegen. Dabei ist darauf zu achten, dass die Pflanzenteile vollständig bedeckt sind, um die Haltbarkeit zu sichern. Kühl und dunkel gelagert bleiben die Aromen lange erhalten.
Frisch Kräuter lassen sich auch einfrieren. Dazu werden die Blätter fein geschnitten und portionsweise in Gefrierbehältern oder Eiswürfelformen mit etwas Wasser oder Öl eingefroren. So bleiben Aroma und Farbe besonders gut erhalten und stehen bei Bedarf direkt zur Verfügung.

Auch das Mischen verschiedener Kräuter zu individuellen Gewürzsalzen oder -ölen bietet sich an. Dabei entstehen haltbare Produkte, die sich vielseitig einsetzen lassen und den eigenen Garten auch im Winter geschmacklich präsent halten.

DIE REISE DER VANILLE: VOM URWALD BIS ZUM KIPFERL

Kaum ein anderes Gewürz weckt so viele Erinnerungen an süße Köstlichkeiten, feine Desserts und duftende Backwaren wie Vanille. Das charakteristische Aroma ist so unverwechselbar, dass die tropische Pflanze auf der ganzen Welt geschätzt wird. Doch hinter jeder Vanilleschote verbirgt sich eine faszinierende Reise, die von den tropischen Regenwäldern bis in unsere Küchen führt.

Vanille stammt ursprünglich aus Mexiko, wo die Totonaken als Erste das Geheimnis ihrer Kultivierung und Verarbeitung kannten. Heute wird Vanille hauptsächlich in tropischen Regionen rund um den Äquator angebaut. Die wichtigsten Anbaugebiete sind Madagaskar, Réunion, Martinique und die Komoren – gemeinsam als „Vanilleinseln" bekannt –, aber auch Indonesien, Tahiti und Uganda spielen eine bedeutende Rolle auf dem Weltmarkt.

Die Vanillepflanze liebt warmes, feuchtes Klima und gedeiht am besten bei Temperaturen zwischen 20 und 30 °C. Sie wächst als Kletterorchidee an Bäumen oder künstlich an Stangen und benötigt eine schattige Umgebung sowie ausreichend Niederschlag. Der Boden sollte reich an organischen Stoffen sein, damit die Pflanze kräftig und gesund bleibt. Die tropische Umgebung ist somit nicht nur Grundlage für das Wachstum, sondern beeinflusst auch den Geschmack und die Qualität der Vanille.

Die Blüte der Vanille ist eher klein und unscheinbar und ihre Bestäubung ist eine echte Herausforderung. Ursprünglich wurde die Vanille in Mexiko von nur dort lebenden Wildbienen bestäubt. Außerhalb Mexikos fehlen diese Bestäuber, weshalb die Vanille-Bauern auf eine ausgeklügelte Methode zurückgreifen: die manuelle Bestäubung.

Bis zum fertigen Vanillekipferl ist's ein langer Weg ... Foto © Sarah Biesinger/Shutterstock

Produktion von Bourbon-Vanille: Farm, Blüte, Bestäubung, Schoten an der Pflanze, Ernte, Trocknung, Vanillemark.

Dabei öffnen geübte Hände vorsichtig die zarten Blüten und bringen mit einem feinen Holzstäbchen das männliche Blütenorgan mit dem weiblichen in Kontakt. Dieser Prozess erfordert Fingerspitzengefühl und Geduld, denn nur wenige Stunden im Jahr sind die Blüten zur Bestäubung bereit. Jede einzelne Blüte wird von Hand bestäubt - ein Aufwand, der sich später in der Qualität und im Wert der Vanille widerspiegelt.

Die aromatischen Vanilleschoten

Nach erfolgreicher Bestäubung dauert es etwa acht bis neun Monate, bis sich aus der Blüte eine reife Vanilleschote entwickelt hat. Die Früchte werden geerntet, wenn sie ihre volle Größe erreicht haben und beginnen, leicht gelblich zu werden. Das Timing ist entscheidend: Werden die Schoten zu früh gepflückt, fehlt es ihnen an Aroma, zu spät geerntet besteht die Gefahr des Aufplatzens und Qualitätsverlusts.

Die Ernte erfolgt meist von Hand. Die Schoten werden vorsichtig abgenommen, um die empfindliche Oberfläche nicht zu beschädigen. Ein geübter Blick erkennt, wann eine Schote bereit für den nächsten Schritt ist - die Fermentation, denn direkt nach der Ernte sind die Schoten geruchlos und geschmacklich unspektakulär. Erst durch eine mehrwöchige Fermentation entwickeln sich die feinen Vanillenoten.

Traditionell werden die frisch geernteten Schoten zunächst in heißem Wasser gebadet. Anschließend wickelt man sie in Decken, damit sie schwitzen und die Fermentation beginnt. Über mehrere Tage wechseln sich Wärmephasen mit Trocknungsphasen in der Sonne ab. Während dieser Zeit werden die Schoten regelmäßig gewendet und kontrolliert. Dieser Prozess dauert etwa vier Wochen, manchmal sogar viel länger. Am Ende sind die Schoten weich, braun und verströmen den typischen Vanilleduft.

Nun werden sie getrocknet, nach Größe, Qualität und Aussehen sortiert und landen als Schoten oder gemahlen als Vanillepulver, Vanilleextrakt oder Vanillezucker verarbeitet in unseren Küchen. Eine lange Reise vom tropischen Regenwald bis auf unsere Teller.

Endlich angekommen - jetzt genießen! Foto © Aquarius Studio/Shutterstock

REZEPT des Monats

ZWIEBELSUPPE

Zutaten

4 große Zwiebeln
40 g Butter
125 ml Weißwein
1 ½ l Rindsuppe
120 g geriebener Hartkäse
Toastbrot

Zubereitung

Die Butter in einem Topf erhitzen und die in Scheiben geschnittenen Zwiebeln darin anrösten. Mit Suppe aufgießen und etwa 15 Minuten köcheln lassen. Den Weißwein dazugeben und mit Salz und Pfeffer abschmecken. Das Toastbrot mit dem geriebenen Käse bestreuen und im Backrohr übergrillen, auf die Suppe legen und servieren.

BUCHTIPP des Monats

Engagiere dich! Tu was für die bedrohte Vogelwelt! So nah warst du Vögeln noch nie! Dieses einzigartige Vogel-Erlebnisbuch für die ganze Familie hilft dir, Gartenvögel zu beobachten und zu bestimmen, ihre faszinierende Lebensweise besser zu verstehen und sie durch gezielte praktische Maßnahmen rund ums Jahr zu schützen und wirksam zu unterstützen. Mit Druckvorlagen und interaktiven Spielen auf der buchbegleitenden Website.

Vögel im Naturgarten
Das große Erlebnisbuch für die ganze Familie
Engelbert Kötter,
Barbara P. Meister
144 Seiten
CADMOS Verlag
ISBN 978-3-8404-3053-4
€ 14, 95

FRAGEN UND ANTWORTEN rund ums Garteln

Eine Frage, die wir uns in kleiner Gärtnerrunde gestellt haben: Könnten die Minipflanzen eigentlich, in den Tropen ausgepflanzt, richtig große Pflanzen werden?
Ja, die „Minis" sind oft nichts anderes als Jungpflanzen, die verkauft werden. Viele – wie die Anthurien – beginnen eben schon ganz klein zu blühen und sehen deshalb so attraktiv aus.

Jahrelang hatten wir in unserem alten Bauernhof prachtvolle Orchideen. Seit dem Umbau und neuen Fenstern wollen die Pflanzen einfach nicht mehr blühen. Kann das damit zusammenhängen?
Das hängt damit zusammen, denn die neuen, oft dreifach verglasten Fenster sind extrem isolierend und verhindern so die Temperaturunterschiede, die bei Orchideen die Blütenbildung auslösen. Die Pflanzen deshalb nach dem Sommer in einen deutlich kühleren Raum stellen und nach etwa zwei Monaten zeigt sich der Blühtrieb, dann in die Wärme. Generell ist Dreifachglas für viele Pflanzen ein Problem, weil es kein UV-Licht durchlässt.

Meine selbst gezogene Avocadopflanze ist nun schon einen halben Meter hoch. Wie oft muss ich sie umpflanzen, und gibt's da einmal Früchte?
Gleich vorweg: Früchte gibt's in unserem Klima praktisch nicht, da fehlt das permanente Sonnenlicht und die Wärme. Umgepflanzt werden sollte etwa ein Mal pro Jahr, wobei man nach einigen Jahren aber nur die Erde wechselt und nicht immer den Topf eine Nummer größer wählt. Avocados sind sehr salzempfindlich (Dünger und auch die Mineralien in unserem Leitungswasser reichern sich an), und so bekommen die Pflanzen braune Blattränder. Natürlich auch, wenn zu viel gegossen wird.

*Noch mehr Antworten auf die wichtigsten Gartenfragen finden Sie in dem Buch **365 Gartenfragen und Antworten für intelligente Faule (CADMOS/avBuch Verlag)** und in der Zeitschrift Garten + Haus, www.garten-haus.at.*

Die Redaktion des Gartenkalenders für intelligente Faule bedankt sich persönlich bei Ihnen für das Vertrauen, das Sie uns in diesem Jahr geschenkt haben. Wir hoffen, dass Sie viele der Inhalte für sich nützen konnten und, dass Ihr Garten und Heim dadurch schöner geworden sind. Auch im kommenden Jahr werden wir uns bemühen, Ihnen Aktuelles, Nützliches und Wissenswertes zeitgerecht zur Verfügung zu stellen.

In der Hoffnung, dass Sie uns treu bleiben,
grüßt Sie Ihr Team von CADMOS/avBUCH

Foto © Natalia Greeske/Shutterstock.com

Foto © aBSicht/shutterstock

DER PHÄNOLOGISCHE KALENDER

Die Natur hält sich nicht an den Kalender. Allein die unterschiedlichen Höhenlagen machen den Mai an einem Ort zum Sommermonat und am anderen zum Spätwinter. Damit müssen wir Gärtner leben, und das nicht erst, seit es das Schlagwort „Klimawandel" gibt. Daher wurde schon vor geraumer Zeit der „phänologische Kalender" geschaffen – für das „Garteln im Takt der Natur". Nicht der Kalender gibt vor, wann was zu tun ist, sondern bestimmte Zeigerpflanzen. Blüht das Maiglöckchen, beginnt der Vollfrühling. Jetzt werden wintergrüne Hecken gepflanzt, Aussaaten aus dem Vor- und Erstfrühling pikiert und Dickamaulrüssler bekämpft. Während das Maiglöckchen in milden Regionen schon Anfang April seinen betörenden Duft verströmt, kann man den Flieder – eine andere Zeigerpflanze des Vollfrühlings – bestenfalls in den Skiregionen zum Muttertag überreichen. Die Beobachtungen der vergangenen Jahre zeigen, dass der Vollfrühling meist schon eine Woche früher einsetzt als früher. Durch den „Kalender der Natur" wissen Gärtnerin und Gärtner ganz genau, wann welche Arbeiten in ihrer Region erledigt werden müssen.

So erkennen Sie den Vorfrühling:

Schneeglöckchen (*Galanthus nivalis*): Die Blüte läutet den Anfang des Vorfrühlings ein. **Bärlauch** (*Allium ursinum*): Zu Beginn des Vorfrühlings sprießen die ersten Blätter aus dem Boden. **Haselnuss** (*Corylus avellana*): Die Pollenreife markiert den Beginn der Jahreszeit. **Märzenbecher** (*Narcissus pseudonarcissus*): Am Ende des Vorfrühlings setzt die Blütezeit ein.

Das ist jetzt zu tun:

Gladiolen, Knollenbegonien und Dahlien können bereits vorgetrieben werden. Hecken und sommerblühende Blütensträucher wie Sommerflieder werden zurückgeschnitten. Jetzt ist die beste Pflanzzeit für junge Obstbäume und Beerensträucher.

Bei Erdbeeren den Boden zwischen den Pflanzen flach lockern. Kranke Blätter entfernen.

So erkennen Sie den Erstfrühling:

Buschwindröschen (*Anemone nemorosa*): Die Blüte läutet den Anfang des Erstfrühlings ein. **Forsythie, Goldglöckchen** (*Forsythia x intermedia*): Zu Beginn des Erstfrühlings öffnen sich die ersten Blüten. **Löwenzahn** (*Taraxacum officinale*): Die Hauptblütezeit ist auch der Beginn und der Höhepunkt dieses Jahresteils. **Johannisbeere** (*Ribes*): Die Blüte markiert den Beginn der Jahreszeit. **Rosskastanie** (*Aesculus hippocastanum*): Am Ende des Erstfrühlings öffnen sich die Blattknospen. Das erste Blattgrün markiert das Ende der Erstfrühlingszeit.

Das ist jetzt zu tun:

Legen Sie in den Teichüberlauf ein Sieb ein, damit die Teichbewohner nicht mit abgespült werden. Im Freiland ist Saatzeit für Spinat, Mangold, Rote Beete, Zwiebeln, Erbsen und den letzten Herbstlauch.

Von Radieschen, Rettich und Salat am besten alle zwei Wochen nur kleine Sätze aussäen, um später immer gerade die richtige Menge ernten zu können. Um das Verkahlen der Besenheide zu verhindern, können Sie sie um gut ein Drittel zurückschneiden.

So erkennen Sie den Vollfrühling:

Maiglöckchen (*Convallaria majalis*): Die Blüte läutet den Anfang des Vollfrühlings ein. **Rosskastanie** (*Aesculus hippocastanum*): Zu Beginn des Vollfrühlings steht die Rosskastanie in voller Blüte. **Bärlauch** (*Allium ursinum*): Die Blüte markiert den Beginn der Jahreszeit. **Flieder** (*Syringa vulgaris*): Am Anfang des Vollfrühlings setzt die Blütezeit ein. **Goldregen** (*Laburnum anagyroides*): Die Blüten erscheinen am Ende des Vollfrühlings. **Eiche** (*Quercus*): Der Blattaustrieb zeigt das Ende der Jahreszeit an. **Weißdorn** (*Crataegus monogyna*): Die Blüten öffnen sich am Ende des Vollfrühlings.

Das ist jetzt zu tun:

Rasenneuanlagen oder Ausbesserungsarbeiten im Rasen werden vorgenommen. Auch Blumenwiesen können ausgesät werden.

Im Gemüsebeet können Sie anstatt zu mulchen als Zwischensaat Kresse, Radieschen und Spinat säen.

Auch einige Kräuter eignen sich als Zwischenkultur. Engelstrompeten, Fuchsien, Bleiwurz und Wandelröschen blühen prächtig, wenn Sie diese in einen großen Kunststoffkorb mit weiten Maschen im Garten auspflanzen. Die Wurzeln können sich in die umgebende Erde ausbreiten. Im Herbst den Korb einfach ausgraben und ins Winterquartier stellen.

So erkennen Sie den Frühsommer:

Holunder (*Sambucus nigra*): Die Blüte markiert den Anfang des Frühsommers. **Robinie** (*Robinia pseudoacacia*): Zu Beginn des Frühsommers öffnen sich die ersten Blüten. **Pfingstrose** (*Paeonia*): Die Blüte läutet den Beginn der Jahreszeit ein. **Sommerlinde** (*Tilia platyphyllos*): Die Blüten erscheinen am Ende des Frühsommers. **Schwertlilie** (*Iris × germanica*): Am Ende des Frühsommers setzt die Blütezeit ein. **Liguster** (*Ligustrum vulgare*): Die duftenden Blüten bilden sich am Ende der Jahreszeit.

Das ist jetzt zu tun:

Ameisen können jetzt besonders lästig werden. Vertreiben Sie sie mit stark duftenden Pflanzen wie Majoran oder Lavendel. Ätherische Duftöle auf Ameisenstraßen unterbrechen die Duftspur der Insekten.

Gießen Sie nach Bedarf und denken Sie daran, auch an windigen Tagen verdunsten die Pflanzen viel Wasser! Die meisten Singvögel sind aus ihren Nestern im dichten Blätterwald ausgezogen. Jetzt dürfen Hecken wieder geschnitten werden.

So erkennen Sie den Hochsommer:

Winterlinde (*Tilia cordata*): Die Blüte läutet den Anfang des Hochsommers ein. **Kartoffel** (*Solanum tuberosum*): Zu Beginn des Hochsommers öffnen sich die ersten Blüten. **Himbeere** (*Rubus idaeus*) Die Fruchtreife markiert den Beginn der Jahreszeit. **Erdbeere** (*Fragaria*): Am Anfang des Hochsommers setzt die Fruchtreife ein. **Johannisbeere** (*Ribes*): Die Früchte reifen mit Anfang des Hochsommers. **Getreide:** Die Erntezeit beginnt am Ende des Hochsommers.

Das ist jetzt zu tun:

Von vielen Balkonblumen wie Pelargonien und Fuchsien lassen sich jetzt Stecklinge schneiden. Verwenden Sie nur kräftige Triebspitzen ohne Blütenkospen. Die Bewurzelung erfolgt in Vermehrungssubstrat unter „gespannter Luft" – decken Sie die Stecklinge mit einer transparenten Haube ab. Spezielle Anzucht-Kästen gibt es im Fachhandel.

Am Anfang des Hochsommers können noch Sommersorten vom Kopfsalat gesetzt werden. Für einen späteren Anbau sind dann nur noch Kurztagssorten geeignet.

Sommerblumen regelmäßig ausputzen, damit sie neue Knospen bilden. Das ist etwa bei Margeriten, Löwenmaul und Fuchsien wichtig, die schnell ihre Kraft in die Samenbildung stecken. Kontrollieren Sie zudem regelmäßig auf Pilzbefall.

So erkennen Sie den Spätsommer:

Schneebeere (*Symphoricarpos albus*): Die Fruchtreife markiert den Spätsommeranfang. **Eberesche, Vogelbeere** (*Sorbus aucuparia*): Zu Beginn des Spätsommers reifen die Früchte. **Zwetschge** (*Prunus domestica*): Die Reife und der Erntebeginn markieren das Ende dieser Jahreszeit. **Felsenbirne** (*Amelanchier*): Am Ende des Spätsommers setzt die Fruchtreife ein. **Besenheide** (*Calluna vulgaris*): Die Blüten erscheinen mit dem Ende des Spätsommers. **Herbstanemone** (*Anemone hupehensis*): Die Blüten zeigen das Ende des Jahresteils an.

Das ist jetzt zu tun:

Jetzt ist es Zeit, an die Blütenpracht des nächsten Jahres zu denken. Sammeln Sie Samen von Einjährigen und ihren Lieblingspflanzen und teilen Sie die Wurzelstöcke großer Stauden.

Haben die Obstgehölze reichlich Früchte angesetzt, dann regulieren sie diesen Behang von selbst, indem sie einige unreife Früchte abstoßen. Das geschieht auch dann, wenn die Bäume gut mit Nährstoffen und Wasser versorgt sind. Hängen anschließend immer noch zu viele Früchte an den Zweigen, dann pflücken Sie die kleinsten ab. Stützen Sie im Zweifelsfall lange Äste mit starkem Fruchtbehang.

So erkennen Sie den Frühherbst:

Herbstzeitlose (*Colchicum autumnale*): Die Blüte markiert den Anfang des Frühherbstes. **Holunder** (*Sambucus nigra*): Zu Beginn der Jahreszeit reifen die Früchte. **Haselnuss** (*Corylus avellana*): Die ersten Früchte reifen zu Beginn dieser Jahreszeit. **Apfel** (*Malus*): Die Fruchtreife setzt am Anfang des

Frühherbstes ein. **Sanddorn** (*Hippophae rhamnoides*): Am Ende der Jahreszeit beginnen die Früchte zu reifen. **Kornelkirsche** (*Cornus mas*): Die Früchte reifen am Ende des Jahresabschnitts.

Das ist jetzt zu tun:

Die Larven des Dickmaulrüsslers sind noch aktiv und fressen an den Wurzeln diverser Gehölze. Solange die Bodentemperatur über 15 °C liegt, können diese mit Nematoden bekämpft werden.

Wassertriebe von Obstbäumen können ausgeschnitten werden.

Rhabarber, Zuckerhut, Endivien und Wintersalat können jetzt gepflanzt werden.

Nicht vergessen, den Winterlauch anzuhäufeln, um lange helle Stangen zu erhalten. Auch Spätkohlarten werden angehäufelt.

Ab jetzt wird nicht mehr gedüngt, um rechtzeitig die Wachstumsruhe einzuleiten. Kompost und Mist auf abgeräumten Beeten einarbeiten. Der Kompost darf dabei auch halb reif sein.

So erkennen Sie den Vollherbst:

Rosskastanie (*Aesculus hippocastanum*): Die Fruchtreife beginnt am Anfang des Vollherbstes. **Walnuss** (*Juglans regia*): Zu Beginn der Jahreszeit reifen die Früchte. **Rotbuche** (*Fagus sylvatica*): Die Laubverfärbung setzt mit Beginn der Jahreszeit ein. **Herbstaster** (*Aster*): Am Beginn des Vollherbstes setzt die Blütezeit ein. **Rosskastanie** (*Aesculus hippocastanum*): Die Laubverfärbung markiert das Ende des Vollherbstes. **Wilder Wein** (*Parthenocissus*): Die Laubverfärbung beginnt am Ende des Vollherbstes.

Das ist jetzt zu tun:

Dahlien, Canna und Knollenbegonien werden ausgegraben, in Sand oder Sägespänen trocken gelagert.

Jetzt ist es auch Zeit, die Gründüngung zu starten. Empfehlenswerte Pflanzen sind Bienenfreund, Gelbsenf, Lupine, Luzerne, Tagetes, Steinklee.

Alle Zitrusbäumchen nun zum Haus stellen, damit bei Regen die Erde nicht zu nass wird. Staunässe verursacht den Blattfall von grünen Blättern, vor allem dann im Winterquartier.

Empfindliche Kübelpflanzen sind längst im Winterquartier. Beim Einräumen auf Schädlinge kontrollieren, auch im Wurzelballen oder an der Rinde halten sich Larven versteckt. Blattläuse, Weiße Fliegen und Spinnmilben breiten sich oft explosionsartig aus. Schmierseifenwasser, Biospritzmittel oder im Quartier Nützlinge anwenden.

So erkennen Sie den Spätherbst:

Esche (*Fraxinus excelsior*): Die Laubverfärbung markiert den Anfang des Spätherbstes. **Lärche** (*Larix decidua*): Färbung und Nadelfall zeigen den Beginn an. **Rosskastanie** (*Aesculus hippocastanum*): Der Laubfall setzt am Anfang des Spätherbstes ein. **Sommerlinde** (*Tilia platyphyllos*): Mit dem Laubfall endet der Jahresabschnitt.

Das ist jetzt zu tun:

Das letzte Laub vom Rasen wegrechen und auf die Beete streuen – der beste Mulch, den es gibt. Laub auf keinen Fall auf dem Rasen liegen lassen, da es zu Krankheiten kommen kann.

Hügelbeete werden jetzt angelegt. Beete für den Winter vorbereiten: bei schwerem Boden umgraben, sonst nur lockern und mulchen.

Die Rinde der Obstbäume abbürsten und mit einem Schutzanstrich gegen Frostrisse versehen.

Chicoréewurzeln werden jetzt ausgegraben und zum Treiben eingelagert.

So erkennen Sie den Winter:

Wintergetreide: Am Anfang des Winters läuft das Wintergetreide auf. **Zaubernuss** (*Hamamelis*): Am Ende des Winters setzt die Blütezeit ein. **Winterjasmin** (*Jasminum nudiflorum*): Die Blüten erscheinen mit dem Ende des Winters. **Schneerosen** (*Helleborus niger*): Die Blüten öffnen sich am Ende der Jahreszeit.

Das ist jetzt zu tun:

Der Schnitt von Obst- und Ziergehölzen steht im Januar auf dem Programm. Ideal sind frostfreie Tage, an denen der Boden aber nicht zu nass ist. Zur Schere greifen sollten – besonders bei den Obstbäumen – aber nur diejenigen, die schon einmal einen Kurs besucht haben. Siedler- und Gartenbauvereine bieten nun zahlreiche Schnittkurse an.

Die Äste immergrüner Sträucher können unter zu großer Schneelast brechen, daher nach Schneefällen die weiße Pracht mit Besen oder Rechen abschütteln. Generell lassen sich bruchgefährdete Sommersträucher schützen, indem man die gesamte Krone mit einem dünnen Seil locker zusammenbindet.

WICHTIGE ADRESSEN

ADRESSEN FÜR INFORMATION UND FORTBILDUNG

Bundesinformationszentrum Landwirtschaft (BZL) der Bundesanstalt für Landwirtschaft und Ernährung (BLE)
Deichmanns Aue 29
53179 Bonn
Tel.: +49 228 68450
info@ble.de
www.ble.de

Agrarmarkt Austria Marketing GmbH – Blumen Info-Portal für Gärtner und Gartenbesitzer
Dresdner Straße 68a
1200 Wien
www.zumGaertner.at

Arbeitsgemeinschaft deutscher Junggärtner e. V.
Gießener Straße 47
35305 Grünberg
Tel.: +49 6401 910179
info@junggaertner.de, www.junggaertner.de

Arbeitsgemeinschaft österreichischer Junggärtner
Schauflergasse 6, 1010 Wien
Tel.: +43 1 53441 8559
office@gartenbau.or.at
www.junggaertner.at

Bayerische Landesanstalt für Weinbau und Gartenbau | Staatliche Fach- und Technikerschule für Garten- und Landschaftsbau, Weinbau und Kellerwirtschaft
An der Steige 15, 97209 Veitshöchheim
Tel.: +49 931 9801 0
poststelle@lwg.bayern.de
www.lwg.bayern.de

Bildungsstätte Gartenbau
Gießener Straße 47, 35305 Grünberg
Tel.: +49 6401 91010
info@bildungsstaette-gartenbau.de
www.bildungsstaette-gartenbau.de

Höhere Bundeslehr- und Forschungsanstalt für Gartenbau Schönbrunn
Grünbergstraße 24
1130 Wien
Tel.: +43 1 813 59 50
office@gartenbau.at
www.gartenbau.at

Hochschule Weihenstephan-Triesdorf Zentrum für Forschung und Weiterbildung Institut für Gartenbau
Am Hofgarten 4
85345 Freising
Tel.: +49 8161 71-0
igb@hswt.de
www.hswt.de

Lehr- und Versuchsanstalt für Gartenbau
Heisterbergallee 12
30453 Hannover
Tel.: +49 511 40052152
lvg.ahlem@lwk-niedersachsen.de
www.lwk-niedersachsen.de

Bildungszentrum Gartenbau Fachschule, Berufsschule, Meisterschule & Weiterbildung
Am Rosenhügel 15
3550 Langenlois
Tel.: +43 2734 2106
office@gartenbauschule.at
www.gartenbauschule.at

Gartenbauschule Ritzlhof Bildungszentrum für Gartenbau, Floristik, Garten- und Grünflächengestaltung
Kremstalstraße 125
4053 Haid bei Linz
+43 7229 88312
info@ritzlhof.at
www.ritzlhof.at

Landwirtschaftskammer Nordrhein-Westfalen
Nevinghoff 40
48147 Münster
Tel.: +49 251 2376 0
info@lwk.nrw.de
www.landwirtschaftskammer.de

Gartenakademie Baden-Württemberg e. V. Landwirtschaftskammer für das Saarland
Dillinger Straße 67
66822 Lebach
Tel.: +49 6881 92 81 09
karen.falch@lwk-saarland.de
www.gartenakademie.info

Sächsische Landesanstalt für Landwirtschaft | Fachbereich Gartenbau | Gartenakademie
Söbrigener Straße 3a
01326 Dresden-Pillnitz
Tel.: +49 351 2612 8081
gerd.grossmann@smul.sachsen.de
www.landwirtschaft.sachsen.de

Staatliche Lehr- und Versuchsanstalt für Wein- und Obstbau
Traubenplatz 5
74189 Weinsberg
Tel.: +49 71 34504 0
poststelle@lvwo.bwl.de
www.lvwo-bw.de

Verein „Natur im Garten"
Am Wasserpark 1
3430 Tulln
Tel.: +43 2272 61960
post@naturimgarten.at
www.naturimgarten.at

ARCHE NOAH
Gesellschaft für die Erhaltung der Kulturpflanzenvielfalt & ihre Entwicklung
Obere Straße 40
3553 Schiltern
Tel.: +43 2734 8626
info@arche-noah.at
www.arche-noah.at

Familien-Park Agrarium
Almegg 11
4652 Steinerkirchen an der Traun
Tel.: +43 7245 258 10
office@agrarium.at
www.agrarium.at

Blumengärten Hirschstetten der Stadt Wien
Quadenstraße 15,
1220 Wien
Tel.: +43 1 4000 4211 0

ADRESSEN ZU PFLANZENSCHUTZFRAGEN

Gartenakademie Rheinland-Pfalz
Breitenweg 71
67435 Neustadt an der Weinstraße
Tel.: +49 6321 671 262
gartenakademie@dlr.rlp.de
www.gartenakademie.rlp.de

Landesanstalt für Landwirtschaft, Forsten und Gartenbau (LLG)
Strenzfelder Allee 22
06406 Bernburg
Tel.: +49 3471 33 41 40
Pflanzenschutz@llg.mule.sachsen-anhalt.de
www.llg-lsa.de
https://llg.sachsen-anhalt.de

Landesanstalt für Landwirtschaft, Lebensmittelsicherheit und Fischerei Mecklenburg-Vorpommern
Abteilung Pflanzenschutzdienst
Graf-Lippe-Straße 1 (Sitz der Pflanzenschutzabteilung)
Thierfelder Straße 18 (direkte Postanschrift)
18059 Rostock
Tel.: +49 381 40 35 0
pflanzenschutzdienst@lallf.mvnet.de
www.lallf.de/Abt-Pflanzenschutzdienst.51.0.html

Landwirtschaftskammer Niedersachsen Pflanzenschutzamt
Wunstorfer Landstraße 9
30453 Hannover
Tel.: +49 511 40 05 0
carolin.vonkroecher@lwk-niedersachsen.de
www.lwk-niedersachsen.de

Pflanzenschutzdienst Nordrhein-Westfalen |
Gartenstraße 11
50765 Köln-Auweiler
Tel.: +49 221 53 400
pflanzenschutzdienst@lwk.nrw.de
www.landwirtschaftskammer.com

Landwirtschaftskammer für das Saarland Pflanzengesundheit & Gartenakademie
In der Kolling 11
66450 Bexbach
Tel.: +49 6826 82895 47
karen.falch@lwk-saarland.de
www.lwk-saarland.de

Landwirtschaftskammer Schleswig-Holstein | Abteilung Pflanzenbau und Pflanzenschutz
Thiensen 22
25373 Ellerhoop
Tel.: +49 4120 70 68 208
psd-ellerhoop@lksh.de
www.lksh.de

NÜTZLICHE ADRESSEN

Pflanzenschutzamt Berlin
Mohriner Allee 137
12347 Berlin
Tel.: +49 30 70 00 06 0
pflanzenschutzamt@senuvk.berlin.de
www.stadtentwicklung.berlin.de/pflanzenschutz

Pflanzenschutzdienst Haus und Garten
Indiastraße 3
20457 Hamburg
Tel.: +43 40 42841 5220
Claudia.Hennecke-Bardenhorst@bwvi.hamburg.de
www.hamburg.de/pflanzenschutz/nav-haus-garten/

Regierungspräsidium Gießen
Pflanzenschutzdienst Hessen
Schanzenfeldstraße 8
35578 Wetzlar
Tel.: +49 641 303 5227
psd-wetzlar@rpgi.hessen.de
www.pflanzenschutzdienst.rp-giessen.de

Staatliche Lehr- und Versuchsanstalt
für Gartenbau (LVG)
Diebsweg 2
69123 Heidelberg
Tel.: +49 6221 74 84 0
poststelle@lvg.bwl.de
www.lvg-heidelberg.de

Höhere Bundeslehr- und Forschungsanstalt
für Gartenbau Schönbrunn
Grünbergstraße 24
1130 Wien
Tel.: +43 1 813 59 50 312
office@gartenbau.at
www.gartenbau.at

Amtlicher Pflanzenschutzdienst Wien
Dresdner Straße 81–85, 6. Stock
1200 Wien
Tel.: +43 1 40 00 42481
pflanzenschutz@ma42.wien.gv.at
www.pflanzenschutzdienst.at

Einzelne Pflanzenschutzdienste der Bundesländer finden Sie auf der Kontaktseite im Internet. Allgemeine gärtnerische Beratung in Wien durch den Pflanzenschutzdienst des Stadtgartenamtes Wien,
Tel.: +43 1 40 00 42483

ADRESSEN ZUR BODENUNTERSUCHUNG

VDLUFA
Obere Langgasse 40
67346 Speyer
Tel.: +49 6232 13 60
info@VDLUFA.eu
www.vdlufa.de

CEWE GmbH
Audorf 17
4542 Nußbach
Tel.: +43 75 87 6030
landwirtschaftliches.labor@cewe.at
www.cewe.at

Die Umweltberatung
Buchengasse 77/4
1100 Wien
Tel.: +43 1 803 32 32
service@umweltberatung.at
www.umweltberatung.at

BoWaSan
Liebenauer Hauptstraße 34/2/3
8041 Graz
Tel.: +43 316 715479
j.kamptner@bowasan.at
bowasan.at

Höhere Bundeslehr- und Forschungsanstalt
für Gartenbau Schönbrunn
Grünbergstraße 24
1130 Wien
Tel.: +43 1 813 59 50 381
office@gartenbau.at
www.gartenbau.at

Landesbetrieb Hessisches
Landeslabor Standort Kassel
Am Versuchsfeld 13
34128 Kassel
Tel.: +49 561 988 80
AbteilungIV@lhl.hessen.de
www.lhl-hessen.de

AGES – Österreichische Agentur für
Gesundheit und Ernährungssicherheit GmbH
Abteilung Bodengesundheit und Pflanzenernährung
Spargelfeldstraße 191
1220 Wien
Tel.: +43 505 55 34132
bodengesundheit@ages.at
www.ages.at

BEZUGSQUELLE FÜR NÜTZLINGE/ BIOLOGISCHEN PFLANZENSCHUTZ

biohelp Garten & Bienen GmbH
Kapleigasse 16
1110 Wien
Tel.: +43 1 767 98 51
office@garten-bienen.at
www.garten-bienen.at

Katz Biotech AG
An der Birkenpfuhlheide 10
15837 Baruth
Tel.: +49 337 04 67510
info@katzbiotech.de
www.katzbiotech.de

Vermigrand Naturprodukte GmbH
Kremser Straße 63
3462 Absdorf
Tel.: +43 2278 7028
info@vermigrand.com
www.vermigrand.eu

Superwurm E.K.
Martin Langhoff
Felix-Wankel-Straße 8
52351 Düren
Tel.: +49 2421 20859 55
info@superwurm.de
www.superwurm.de

Universität für Bodenkultur Wien
Department für angewandte Pflanzenwissenschaften und Pflanzenbiotechnologie
Institut für Pflanzenschutz
Gregor-Mendel-Straße 33
1180 Wien
Tel.: +43 1 47654 3421
www.boku.ac.at

da Erdwurm
Markus Schulz
Neugasse 22
2244 Spannberg
info@erdwurm.at
www.erdwurm.at

ORGANISATIONEN FÜR SELTENE/ALTE SORTEN

ARCHE NOAH Gesellschaft für die Erhaltung der Kulturpflanzenvielfalt & ihre Entwicklung
Obere Straße 40
3553 Schiltern
Tel.: +43 2734 8626
info@arche-noah.at
www.arche-noah.at

Boomgarden-Pomologen-Verein e. V.
Eckart Brand
Im Moor 1
21712 Großenwörden
Tel.: +49 4775 538
info@boomgarden.de
www.boomgarden.de

Julius-Kühn-Institut | Bundesanstalt für Züchtungsforschung an Kulturpflanzen
Erwin-Baur-Straße 27
06484 Quedlinburg
Tel.: +49 3946 47 0
poststelle@julius-kuehn.de
www.julius-kuehn.de

Hochschule Geisenheim
Von-Lade-Straße 1
65366 Geisenheim
Tel.: +49 6722 502 0
info@hs-gm.de
www.hs-geisenheim.de/

Höhere Bundeslehranstalt und Bundesamt für Wein- und Obstbau
Wiener Straße 74
3400 Klosterneuburg
Tel.: +43 2243 379 10
direktion@hblawo.bmlfuw.gv.at
www.weinobstklosterneuburg.at

Institut für Sonderkulturen und Produktionsphysiologie Universität Hohenheim
70593 Stuttgart
Tel.: +49 711 459 2358
rblaich@uni-hohenheim.de
www.uni-hohenheim.de

Ökokreis Waldviertel
3532 Ottenstein Nr. 3
Tel.: +43 2826 211 66
info@oekokreis.org
www.oekokreis.org

NÜTZLICHE ADRESSEN

Verein „Neue alte Obstsorten"
Mostviertler Bildungshof Gießhübl
Gießhübl 7
3300 Amstetten
Tel.: +43 7472 62722
office@lfs-giesshuebl.ac.at
www.lfs-giesshuebl.ac.at

VEN –
Verein zur Erhaltung der Nutzpflanzenvielfalt e. V.
Walburger Straße 2
37213 Witzenhausen
Tel.: +49 4847 809 7058
geschaeftsstelle@nutzpflanzenvielfalt.de
www.nutzpflanzenvielfalt.de

Stiftung Pro Specie Rara
Unter Brüglingen 6
4052 Basel
Tel.: +41 61 545 99 11
info@prospecierara.ch
www.prospecierara.ch

Pomologen-Verein e. V.
Husumer Straße 16
20271 Hamburg
Tel.: +49 40 460 63755
www.pomologen-verein.de

LIEBHABERGESELLSCHAFTEN/VEREINE

Deutsche Gartenbau-Gesellschaft 1822 e. V.
Claire-Waldoff-Straße 7
10117 Berlin
Tel.: +49 30-2809 34 25
info@dgg1822.de
www.dgg1822.de

Österreichische Gartenbau-Gesellschaft
Siebeckstraße 14
1220 Wien
Tel.: +43 1 512 84 16
oegg@oegg.or.at
www.oegg.or.at

Deutsche Bromelien-Gesellschaft e. V.
Geschäftsstelle Arne Seringer
Dierdorfer Weg 28
50767 Köln
Tel.: +49 221 7894 6080
info@dbg-web.de
www.dbg-web.de

Deutsche Efeugesellschaft e. V. Jochen Euler
Angelikastraße 10
45130 Essen
Tel.: +49 201 776890
geschaeftsstelle@efeu-ev.org
www.efeu-ev.org

Deutsche Fuchsien-Gesellschaft e. V.
Geschäftsstelle Renate Ripke
Juliusstraße 13
24534 Neumünster
Tel.: +49 4321 5576302
r_ripke@t-online.de
www.deutsche-fuchsien-ges.de

Gesellschaft Österreichischer
Fuchsienfreunde, Präsident Johann Leprich
Buchenweg 14
2020 Hollabrunn
Tel.: +43 664 1415458
h.m.leprich@aon.at
www.fuchsienfreunde.at

Deutsche Dahlien-, Fuchsien- und Gladiolen-Gesellschaft e. V. Geschäftsstelle: Anja Weiß
Buschweg 28
41372 Niederkrüchten
Tel.: +49 2163 5725587
info@ddfgg.de
www.ddfgg.de

Österreichische Orchideengesellschaft
Birkengasse 3
2601 Sollenau
www.orchideen.at

Deutsche Kameliengesellschaft e. V.
Arndtstraße 1A
52064 Aachen
Tel.: +49 241 979 06 07
kamelien@t-online.de
www.kamelien-online.de

Deutsche Orchideen-Gesellschaft e. V.
Im Zinnstück 2
65527 Niedernhausen
Tel.: +49 6127 70577 04
dog@orchidee.de
www.orchidee.de

Gesellschaft Österreichischer Kakteenfreunde
c/o Schriftführung Barbara König
Naglergasse 24
8010 Graz
Tel.: +43 699 109679 20
www.cactusaustria.at

Deutsche Rhododendron-Gesellschaft e. V.
Marcusallee 60
28359 Bremen
Tel.: +49 421 427066 19
info@rhodo.org
www.rhodo.org

European Bamboo Society Deutschland e. V.
Geschäftsstelle
Kirchhofstraße 9
41199 Mönchengladbach
Tel.: +49 175 846 58 88
info@bambus-deutschland.de
www.bambus-deutschland.de

Gesellschaft der Staudenfreunde e. V.
Geschäftsstelle
Sonnenberg 4
77955 Ettenheim
Tel.: +49 7822 8618 34
info@gds-staudenfreunde.de
www.gds-staudenfreunde.de

Gesellschaft der Wassergartenfreunde e. V.
Thomas Steck, Gärtnerei Baum GbR
Strohgäustraße 51
71229 Leonberg
praesident@wassergarten.de
www.wassergarten.de

Gesellschaft für Fleischfressende Pflanzen
im deutschsprachigen Raum e. V.
Leisniger Straße 39
09648 Mittweida
Tel.: +49 157 725615 13
info@carnivoren.org
www.carnivoren.org

Verein deutscher Rosenfreunde e. V.
Pariser Ring 37
76532 Baden-Baden
Tel.: +49 7221 31302
info@rosenfreunde.de
www.rosenfreunde.de

EFFEKTIVE MIKROORGANISMEN

Multikraft Produktions- und HandelsGmbH
Sulzbach 17
4632 Pichl/Wels
Tel.: +43 7247 50250 0
info@multikraft.at
www.multikraft.at

BEZUGSQUELLEN VON SAATGUT UND PFLANZEN

Reinsaat
3572 St. Leonhard am Hornerwald
Tel.: +43 (0) 2987 / 2347
office@reinsaat.at
www.reinsaat.at

HÄBERLI Fruchtpflanzen AG
Stocken
CH-9315 Neukirch-Egnach
Tel.: +41 71 555 37 00
www.haeberli-beeren.ch

Volmary GmbH
Kaldenhofer Weg 70
48155 Münster
Tel.: +49 2661/94 05 287
www.volmary.com

Lubera GmbH
Im Vieh 8
26160 Bad Zwischenahn OT Ekern
Tel.: +49 4403 984 75 90
www.lubera.com

Dreschflegel
Postfach 1213
37202 Witzenhausen
Tel.: +49 5542 502 744
www.dreschflegel-saatgut.de

Wolfgang Nixdorf Fachhandel
für Ihren Gemüsegärten
Flürleinsweg 1
97922 Lauda
Tel.: +49 9343 3465
www.garten-wn.de

NÜTZLICHE ADRESSEN

Bingenheimer Saatgut AG
Kronstraße 24
61209 Echzell
Tel.: +49 6035 18990
www.bingenheimersaatgut.de

Maier Grünlandsaat
Kirchplatz 5
84155 Bodenkirchen
Tel.: +49 8745 96 01 0
www.maier-gruenlandsaat.de

Austrosaat
Postfach 40
Oberlaaerstraße 279
1232 Wien
www.austrosaat.at

Samen Frankonia
Philipp Klein GmbH
Martin-Vierengel-Straße 1
63897 Miltenberg
Tel.: +49 9371 94 98 0
www.frankonia-samen.de

scharf&lecker
Am Schimmelberg 1
73433 Aalen
Tel.: +49 7361 799 16
www.scharfundlecker.de

David Austin Roses
Bowling Green Lane, Albrighton,
Shropshire, WV7 3HB
Vereinigtes Königreich
Tel.: +44 1902 376373
https://de.davidaustinroses.com/

FORDERN SIE
UNSEREN
SORTENKATALOG
AN!

Blühendes
Österreich
Messe für Garten, Urlaub & Ausflug
2. - 4. April 27
MESSE WELS
gartenmesse.at